国家出版基金项目
NATIONAL PUBLICATION FOUNDATION

"十三五"国家重点出版物出版规划项目·重大出版工程

高超声速出版工程

# 高超声速飞行器中的
# 湍流及其应用

沈　清　杨武兵　纪　锋　关发明　著

科学出版社

北　京

# 内 容 简 介

本书介绍了可压缩湍流基础与应用方向的研究进展,以航天飞行器为背景,选取高超声速平板边界层、高超声速圆锥边界层和超声速混合层等模型流动,分别以数值计算和风洞试验的方法,探讨了流动稳定性、失稳过程、转捩现象和湍流气动效应等问题,并介绍了在工程上的应用思路。

本书可作为湍流研究领域的学者及研究生的参考书,也可作为飞行器工程领域研发人员的参考书。

图书在版编目(CIP)数据

高超声速飞行器中的湍流及其应用/沈清等著. —
北京:科学出版社,2021.3
高超声速出版工程 "十三五"国家重点出版物出版
规划项目·重大出版工程 国家出版基金项目
ISBN 978 - 7 - 03 - 067264 - 3

Ⅰ.①高… Ⅱ.①沈… Ⅲ.①高超音速飞行器—湍流
Ⅳ.①V47

中国版本图书馆 CIP 数据核字(2020)第 252775 号

责任编辑:徐杨峰/责任校对:谭宏宇
责任印制:黄晓鸣/封面设计:殷 靓

**科学出版社** 出版
北京东黄城根北街 16 号
邮政编码:100717
http://www.sciencep.com
南京展望文化发展有限公司排版
广东虎彩云印刷有限公司印刷
科学出版社发行 各地新华书店经销

*

2021 年 3 月第 一 版 开本:B5(720×1000)
2024 年 9 月第四次印刷 印张:14 1/4 插页 4
字数:246 000
**定价:120.00 元**
(如有印装质量问题,我社负责调换)

# 丛书序

飞得更快一直是人类飞行发展的主旋律。

1903 年 12 月 17 日,莱特兄弟发明的飞机腾空而起,虽然飞得摇摇晃晃,犹如蹒跚学步的婴儿,但拉开了人类翱翔天空的华丽大幕;1949 年 2 月 24 日,Bumper-WAC 从美国新墨西哥州白沙发射场发射升空,上面级飞行马赫数超过5,实现人类历史上第一次高超声速飞行。从学会飞行,到跨入高超声速,人类用了不到五十年,蹒跚学步的婴儿似乎长成了大人,但实际上,迄今人类还没有实现真正意义的商业高超声速飞行,我们还不得不忍受洲际旅行需要十多个小时甚至更长飞行时间的煎熬。试想一下,如果我们将来可以在两小时内抵达全球任意城市,这个世界将会变成什么样? 这并不是遥不可及的梦!

今天,人类进入高超声速领域已经快 70 年了,无数科研人员为之奋斗了终生。从空气动力学、控制、材料、防隔热到动力、测控、系统集成等,在众多与高超声速飞行相关的学术和工程领域内,一代又一代科研和工程技术人员传承创新,为人类的进步努力奋斗,共同致力于达成人类飞得更快这一目标。量变导致质变,仿佛是天亮前的那一瞬,又好像是蝶即将破茧而出,几代人的奋斗把高超声速推到了嬗变前的临界点上,相信高超声速飞行的商业应用已为期不远!

高超声速飞行的应用和普及必将颠覆人类现在的生活方式,极大地拓展人类文明,并有力地促进人类社会、经济、科技和文化的发展。这一伟大的事业,需要更多的同行者和参与者!

书是人类进步的阶梯。

实现可靠的长时间高超声速飞行堪称人类在求知探索的路上最为艰苦卓绝的一次前行,将披荆斩棘走过的路夯实、巩固成阶梯,以便于后来者跟进、攀登,意义深远。

以一套丛书,将高超声速基础研究和工程技术方面取得的阶段性成果和宝贵经验固化下来,建立基础研究与高超声速技术应用之间的桥梁,为广大研究人员和工程技术人员提供一套科学、系统、全面的高超声速技术参考书,可以起到为人类文明探索、前进构建阶梯的作用。

2016年,科学出版社就精心策划并着手启动了"高超声速出版工程"这一非常符合时宜的事业。我们围绕"高超声速"这一主题,邀请国内优势高校和主要科研院所,组织国内各领域知名专家,结合基础研究的学术成果和工程研究实践,系统梳理和总结,共同编写了"高超声速出版工程"丛书,丛书突出高超声速特色,体现学科交叉融合,确保丛书具有系统性、前瞻性、原创性、专业性、学术性、实用性和创新性。

这套丛书记载和传承了我国半个多世纪尤其是近十几年高超声速技术发展的科技成果,凝结了航天航空领域众多专家学者的智慧,既可供相关专业人员学习和参考,又可作为案头工具书。期望本套丛书能够为高超声速领域的人才培养、工程研制和基础研究提供有益的指导和帮助,更期望本套丛书能够吸引更多的新生力量关注高超声速技术的发展,并投身于这一领域,为我国高超声速事业的蓬勃发展做出力所能及的贡献。

是为序!

2017 年 10 月

# 前　言

　　湍流是力学难题,人们对湍流的产生、发展和相应的流动现象尚未取得完整认识,湍流建模也没有找到最终的解决方案。同时,湍流也是航空航天领域的工程应用难题,人们对湍流效应尚无清晰认识,在利用或控制湍流方面所能做的还很有限。人们由此得到结论,湍流问题还未解决。

　　我们开展湍流研究,是基于前人探索的基础上的。前人开创了非常有意义的研究方向,包括基础研究和应用研究。针对航天飞行器技术领域,我们借鉴了前人的科学思想,对可压缩湍流开展了探索研究,获得了对边界层与混合层湍流的新认识。早在1945年,庄逢甘先生在加州理工学院就开展了湍流理论研究,在我来到中国航天空气动力技术研究院后,他不断关心和鼓励我进行湍流研究。正是他的支持、关心和亲自组织,让我们开始了一次由国内多家单位合作的湍流基础与应用研究。

　　本人是从失稳结构的产生、演化和发展的角度开展湍流研究的。这个研究思路受到了我的研究生导师张涵信院士的影响。在刚开始湍流研究时,我经常参加张老师与其研究生的课题讨论,接受了他关于湍流结构论的学说。当时,稳定性理论仅仅存在于理论研究团体。2004~2009年,我们与国内其他单位成立了一个湍流研究团队,开展了合作研究。在庄逢甘、周恒、俞鸿儒、童秉纲、崔尔杰和张涵信等先生的支持和指导下,我们选择了湍流结构研究的路线。安复兴、司徒明、朱广生和张庆兵等专家则从工程应用的角度出发,为湍流结构理论应用给予指导。国内多位著名教授曾与我们开展合作研究,佘振苏教授提出了湍流层次结构理论,符松教授提出了基于失稳结构理论的转捩模型,易仕和教授则让我们从精细的流动显示图像中观察到了湍流产生和发展的各种结构,袁湘江、王强、罗纪生和李新亮等教授分别为我们提供了稳定性分析和失稳结构数值模拟。这些思想共鸣,让我们走了一条有自己特色的湍流研究路线。实践表明,这个路线是正确的。

　　本书是对中国航天空气动力技术研究院近二十年来开展的部分湍流研究工作的总结。也许湍流建模还有很长的路要走,但这不妨碍人们认识和应用湍流。在此把我们的理论认识和应用方法分享给感兴趣的研究者,共同推进湍流理论研究及其在航空航天领域的创新应用。

2020 年 7 月

高超声速出版工程

# 专家委员会

高超声速出版工程

# 目　录

## 第1章　绪　　论

## 第2章　可压缩湍流计算方法

# 第 5 章　高超声速圆锥边界层

# 第 6 章　可压缩混合层

# 第7章　湍流应用案例

# 彩　图

# 第 1 章

## 绪　　论

## 1.1　引言

　　这是一本关于湍流的书,很遗憾的是,我们竟然无法确切定义湍流,因此,不得不援引 1883 年雷诺圆管试验结果(图 1.1)和 Pope 在其专著 *Turbulent Flows* 中的描述——非定常、杂乱无章、貌似随机和混沌。我们将在该描述的基础上补充一些自己的理解,希望展示湍流的更多特征,但必须强调的是,湍流问题并未完全解决,所有认识均不应视为最后结论,因此,这些理解仅代表一家之言,寄望从不同角度与读者共同探讨和思考湍流问题。

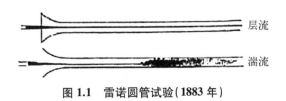

图 1.1　雷诺圆管试验(1883 年)

### 1.1.1　无序与有序

　　湍流看起来是无序的,早期被称为"紊流",人们以随机的观点研究了很长时间,直到 20 世纪 40 年代,人们意识到湍流中存在大尺度结构,20 世纪 60 年代,则通过实验证实了拟序结构的存在,表明湍流并非完全无序,只是"貌似随机"。1967 年,Kline 等[1]用实验证实湍流边界层中存在拟序结构;1964 年和 1971 年,Bradshaw 等[2]和 Crow、Champagne[3]发现射流中存在拟序结构;1974 年,Brown 和 Roshko[4]用流动显示技术清晰地展示了混合层中的拟序结构。这些经典工作共同证实了剪切湍流中存在拟序结构,改变了人们关于湍流是完全随机运动的传统认识[5]。

可以看到,"有序"正是指湍流中的大尺度结构及其行为。湍流的大尺度结构控制着质量、动量和能量的输运,是工程应用最主要的关注对象。相应地,"无序"更多的是指湍流小尺度结构的特征,它们从大尺度结构获取能量,然后耗散消失。大尺度结构与流动边界具有很强的相关性,例如,混合层和边界层的湍流大尺度结构具有显著差异,相反,小尺度结构与流动边界的相关性很弱,甚至可认为无关。本书主要关注湍流大尺度结构,并利用它们进行流动控制,几乎不涉及小尺度结构,关于小尺度结构的特性可以参阅其他一些湍流理论方面的文献,如庄逢甘博士论文[6]、Batchlor[7]和McComb[8]等的专著。

### 1.1.2 线性与非线性

毋庸置疑,湍流是非线性的,但是它的起源包含线性过程。该线性过程主要指层流小扰动的产生和发展,符合线性稳定性理论。历史上,线性稳定性理论在揭示湍流形成机制中发挥了重要作用,亦属于湍流研究范畴。层流失稳扰动产生大尺度失稳结构,湍流阶段的大尺度结构与这种失稳结构一脉相承。这为湍流控制或者说转捩控制提供了基本原理,也就是说,可以利用流动失稳特性控制失稳结构演化过程,进而控制湍流大尺度结构,达到转捩和湍流控制目的。因此,本书特别关注流动稳定性与流动失稳结构、湍流大尺度结构之间的关系,也包含了一些利用线性稳定性理论研究获得的结果,这些结果为转捩控制形成了重要的理论支撑。

非线性是湍流的本质特征。相比较而言,转捩的非线性效应更强。例如,相同模型、相同风洞、相同名义条件下,仅车次不同,转捩风洞试验结果就可能出现20%左右的差异,不同风洞结果差别更大;轴对称飞行器在名义对称条件下,不同子午线上的转捩风洞试验结果往往也不同。转捩的不确定是气动误差的重要来源,非对称转捩又会引起非对称力和力矩,这些都会显著影响飞行器设计。关于湍流非线性的研究甚至催生了混沌理论这门新的学科。本书第6章以混合层为案例展示了流动是如何从线性到非线性,最后进入湍流的全过程,这是将非线性动力学的分析方法用于认识湍流生成过程的有益尝试。庄逢甘晚年也曾提示我们从非线性系统动力学角度去研究湍流,可惜的是此后我们并未践行这一思想,只能寄希望于感兴趣的读者去探索。

### 1.1.3 定常与非定常

一方面,湍流是非定常的;另一方面,基于雷诺平均方程的定常计算方法

（Reynolds average Navier-Stokes，RANS）却在工程中大量使用，解决了很多问题。正确理解平均概念对理解和正确使用 RANS 方法十分重要。不妨从两个角度去理解。

一是从时间尺度的相对大小去理解。由于一般以试验结果作为计算结果的参考，因此，不妨以试验时间作为参考值。如果流动特征时间与之相比很小，那么，该时间段内流动可视为平衡，流动变量的平均值才趋于稳定；反之，流动变量的平均值将随平均时所用的时间间隔变化。因此，RANS 方法不适合特征时间较大的流动现象。以前，通常把 RANS 方法算不准分离流动和底部流动归结为不满足附面层假设，但是，根本的原因更可能是这些流动由大尺度旋涡主导，特征时间很大且不确定，这些区域流动变量的时间平均值本身就没有足够的物理意义。

二是从统计的角度去理解。对于随时间变化的随机过程，每个时刻看成一个事件，如果彼此独立，时间平均与系综平均等价。在各态遍历假设下，系综平均是统计平稳的。雷诺平均的定义在形式上等同于具有均匀概率密度函数的随机过程的均值，它隐含着不同时刻的流动变量是无关的，但是，湍流中每个时刻不是独立的，至少相邻时刻存在相关性，因此，湍流的时间平均与系综平均并不等价，时间平均存在统计不平稳现象。

这两个角度的理解是趋同的，均说明，对于小尺度结构主导的湍流流动，RANS 方法是适用的，而对于大尺度结构主导的湍流流动，RANS 方法并不适用。当然，尺度结构大小是相对的。

### 1.1.4 利与害

最后，从应用角度探讨湍流。

"以貌取人，失之子羽"，这句话似乎可以套用到湍流。湍流表象的乱也确实容易使人认为它就是"坏"的，但湍流只是一种客观物理现象，其利与害实际上取决于应用目的，是一种主观意识。

首先看湍流的"害"。根据经验，湍流摩阻是层流摩阻的 2~3 倍，热流可达 3~5 倍，摩阻增加意味着飞行需要消耗更多能量，而热流增加意味着高超声速防热需要付出更大代价。这两个弊端是湍流饱受诟病的主要原因。其次看湍流的"利"。湍流的掺混能力远强于层流，它在解决超声速燃烧中燃料与空气的掺混问题上发挥了至关重要的作用；在壁面附近，湍流比层流能量更大，速度型更为饱满，因此具有更强的抗分离能力，湍流化措施是超燃冲压发动机进气道起动性能的重要保障。

湍流既然有"利"有"害",那么,以最小代价趋利避害是湍流研究的重要目标。必须强调最小代价,例如,在超燃冲压发动机进气道进行湍流化时可以采用尺度很大的涡流发生器,但它会形成局部激波,产生局部高热流,造成额外的总压损失,同时,宏观流动在展向出现不均匀,偏离进气道设计状态,这些都会造成进气道性能下降,如果存在尺度很小的控制装置,但同样可以快速湍流化,那么这些问题都将得到克服。以最小代价实现湍流的趋利避害正是本书努力探讨的重要方面。虽然,我们未能给出一般性理论,但是,希望所开展的一些尝试能够给读者带来有益的启发。

## 1.2    高超声速飞行器中的湍流问题

湍流研究源自不可压缩流动,而本书主要关注高超声速飞行器中的湍流问题,本节对这一问题进行梳理。

高超声速概念可追溯至 1928 年,由德国人 Sänger 提出。到 1946 年,钱学森推导出高超声速流动的相似律,从理论上提出以马赫数 5 作为下限定义高超声速飞行。随后,人们先后用火箭(1949 年,马赫数达到 6.7)、返回舱(1961 年,马赫数最高达到 25)、飞机(1961 年,X-15 试验飞机,马赫数达到 5.3)等形式实践了这一概念。对于高超声速飞行,气动热成为飞行器设计的重要因素,由于湍流气动加热远大于层流,因此,转捩与湍流对于高超声速飞行器设计显得尤为重要。历史上,在高超声速飞行器的发展过程中,转捩与湍流一度成为气动设计的最大困扰。高超声速飞行器的发展脉络如图 1.2 所示,这些飞行器均遇到了显著的转捩和湍流问题。

20 世纪 50 年代中期,人们在以 X-15 飞机探索高超声速技术时,就已经发现边界层转捩后湍流能够引起涂层烧蚀,局部结构破坏,初步揭示了边界层转捩和湍流在高超声速飞行中的重要性和可能带来的棘手问题[9]。

20 世纪 60~70 年代,人们围绕平板和圆锥(含钝锥)两类边界层开展了转捩和湍流研究[10-14],重点攻克了再入飞行器、航天飞机中由于转捩和湍流引起的烧蚀问题,以及弹头小型化中由小攻角下非对称转捩引起的飞行不稳定问题。

20 世纪 80~90 年代,美国提出了 NASP 计划,高超声速边界层转捩和湍流的研究重心也随之转入面对称高升阻比外形,并持续至 Hyper-X 计划[15],重

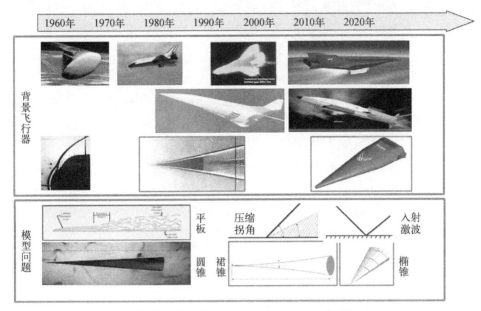

**图 1.2　高超声速飞行器发展脉络与主要模型**

点解决了超燃冲压发动机进气道起动问题,研究了多类人工转捩技术和湍流效应。

　　2003 年,哥伦比亚号航天飞机失事后,事故调查再次给出警示,要想提高进入任何大气的能力,必须重视飞行器各种流态问题。此后的十多年里,高超声速飞行器上的转捩和湍流问题得到了前所未有的重视,不仅开展了大量的地面研究,而且还开展了非常具有针对性的专门研究转捩问题的飞行试验,如 HyBoLT 项目[16]、HIFiRE 项目[17-19]。

　　目前,高超声速飞行器按气动外形和飞行方式可分为大钝头弹道再入飞行器、细长体滑翔再入飞行器、类航天飞机和吸气式高超声速巡航飞行器,这些飞行器在一个较宽的速域和空域范围内飞行,都存在转捩和湍流问题。

　　大钝头弹道再入飞行器(如返回舱、火星登陆飞行器、深空探测返回飞行器)在外形上具有非常大的半锥角,在顶点和边缘处钝化。其中主要的转捩和湍流问题有[9]:在钝体迎风面存在烧蚀引起的边界层转捩;在背风面尾迹流动中存在混合层转捩。此类飞行器通常在攻角状态下飞行,轴对称条件被破坏,转捩预测变得更加困难。

　　细长体滑翔再入飞行器,如美国 FALCON HTV 系列飞行器,其外形上的主要特征是后掠升力面,其中主要的转捩和湍流问题有[9]:后掠前缘上由横流失稳引起转捩;在中心线附近存在 T-S 波引起的转捩;在钝化头部的下游存在熵吞等效应;在长时间飞行过程中表面出现明显的粗糙度,引起瞬态增长形式的转捩。

类航天飞机(如 X-37B)是一种小型化航天飞机。相比于航天飞机,由于尺寸减小,转捩和湍流问题减弱。美国通过航天飞机 30 年的飞行实践积攒了大量经验数据,包括转捩和湍流数据。其主要的转捩和湍流问题有[20]:缝隙、鼓包、表面质量引射等引起的边界层转捩。

吸气式高超声速巡航飞行器(如 X-43A 与 X-51A)在外形上前体采用乘波设计,前缘锐化,主要的转捩和湍流问题有[21]:多级压缩或曲面压缩进气道上存在转捩;进气道唇口和稳定段存在严重的激波-边界层干扰流动;燃烧室中需要利用湍流实现混合增强;尾喷管处同样存在湍流问题。

## 1.3　可压缩湍流研究进展

恩格斯曾说:"科学从系于技术的状况和需要。"这在湍流研究领域得到了很好体现,例如:

(1) 20 世纪 40 年代初,飞机速度超过 600 km/h,接近螺旋桨飞机的速度极限,这一时期,人们开始研究可压缩湍流,最具代表性的工作是林家翘发展了可压缩流动的线性稳定性理论[22];

(2) 20 世纪 50 年代中期,为进一步提高飞机速度,人们追求层流翼型设计,需要可靠转捩判据,Smith、Gamberoni 及 van Ingen 各自独立地发展出了 e-N 方法;

(3) 20 世纪 60 年代,人们以多种形式实现了高超声速飞行。相应地,1964 年,Mack 分析指出,高超声速边界层存在 Mack 模态,相关工作在 1969 年得到系统阐述[23]。

可以看到,转捩和湍流研究与飞行技术的发展如影随形。

与不可压湍流相比,可压缩湍流有许多新的特点,为其研究带来了诸多困难。首先是可压缩性,造成湍流模式和大涡模拟在经典统计平均建模理论方面存在原理性的困难。其次流场处于超声速和高超声速,造成实验测量和流动显示的困难。同样,可压缩流动常常存在激波结构和激波运动,考虑湍流脉动的数值计算要同时分辨出激波和扰动波,也存在很大的困难。这些特点决定了可压缩湍流的研究需采取与不可压湍流研究不同的方法和技术路线。

20 世纪 70 年代,人们在边界层转捩和湍流对弹头烧蚀影响的认识方面取得了重要进展。该进展体现在湍流研究方法和研究思路上的创新。人们发展了基于气动热测量的边界层转捩测量技术,基于实验结果提出了球钝锥、圆锥和平板边界层转捩判据,并用于湍流边界层的数值模拟。

可压缩混合层湍流于 20 世纪 80 年代取得突破性进展。一是发展了超声速混合层实验方法,通过混合层实验研究,对混合层的压缩性影响取得了重要认识,Bogdanoff[24]、Papamoschou 和 Roshko[25] 分别提出了对流马赫数的概念;二是可压缩混合层稳定性的研究方面取得重要进展,Sandham[26]、王强[27] 分别建立了可压缩混合层线性稳定性分析方法;三是可压缩混合层直接数值模拟取得重要进展,Sandham[26]、沈清[28-30] 等通过数值模拟方法,揭示了超声速混合层 Kelvin-Helmholtz 不稳定性的演化过程、三维失稳结构的演化过程和高对流马赫数下的小激波现象,从此建立了非线性结构和过程的计算方法。

可压缩边界层湍流在 20 世纪 80 年代以后取得了系统性的进展。在湍流发展机制研究方面发展了线性稳定性理论(linear stability theory,LST)、抛物化稳定性分析(parabolized stability equations,PSE)方法[31]、湍流结构分析的直接数值模拟(direct numerical simulation,DNS)方法,建立了专门用于可压缩湍流实验研究的高超声速静风洞以及相应的试验测试技术和流动显示技术。可压缩湍流模式理论和大涡模拟方法方面也取得了明显的进展。在湍流转捩机制研究方面,取得了边界层二次失稳、K-/H-/C-型转捩机制的认识。

我国在湍流领域具有很好的传统和历史贡献[32]。在可压缩湍流领域,国内气动研究单位和型号研究单位较早开展了针对再入弹头的湍流理论和应用研究。在我国战略战术导弹型号的工程发展方面,针对再入弹头的边界层转捩和湍流气动热问题开展了研究,国内气动研究单位与型号部门共同开展了技术攻关,解决了热防护应用问题。在理论研究方面,天津大学首先建立了可压缩边界层线性稳定性分析方法,并用于平板和球钝头高超声速边界层的稳定性分析。中国科学院力学研究所首先开展了可压缩混合层的直接数值模拟研究,模拟了 Kelvin-Helmholtz 不稳定性和小激波现象。国内在 20 世纪 90 年代还开展了高超声速边界层和超声速混合层空间问题的稳定性计算研究,模拟了稳定性演化过程中的模态转换和间歇结构[28,29]。

现有研究情况表明,可压缩湍流的研究特别注重两个方面:一是针对湍流发生机制的稳定性研究;二是针对工程应用的转捩、湍流现象及其作用的研究。

目前可压缩湍流研究的困难主要有三个方面：① 数值模拟在理论方面还不成熟，缺少基于可压缩理论的湍流模式、亚格子模型，缺少普适的转捩判据，例如，现有的湍流模型是问题相关的，大涡模拟仅有少数简单问题的计算个例，RANS 计算可信度低，计算结果不确定度大；② 风洞试验方面，缺少方便、经济、实用的测量手段和方法，且存在风洞相关性问题；③ 在应用方面，湍流原理的应用存在很大困难，缺少湍流原理的应用途径和应用思路。

中国航天空气动力技术研究院和国内其他单位共同开展了面向高超声速飞行器中的湍流问题研究，在理论分析、数值模拟、风洞试验和技术创新方面取得了显著进展，有些结果是国内外首次获得，本书对其中部分工作进行了介绍。

## 参考文献

[ 1 ]  Kline S J, Reynolds W C, Schraub F A, et al. The structure of turbulent boundary layers [J]. Journal of Fluid Mechanics, 1967, 30(4): 741-773.

[ 2 ]  Bradshaw P, Ferriss D H, Johnson R F. Turbulence in the noise-producing region of a circular jet[J]. Journal of Fluid Mechanics, 1964, 19(4): 591-624.

[ 3 ]  Crow S C, Champagne F H. Orderly structure in jet turbulence [J]. Journal of Fluid Mechanics, 1971, 48(3): 547-591.

[ 4 ]  Brown G L, Roshko A. On density effects and large structure in turbulent mixing layers[J]. Journal of Fluid Mechanics, 1974, 64(4): 775-816.

[ 5 ]  陈矛章.粘性流体动力学理论及紊流工程计算[M].北京：北京航空学院出版社,1986.

[ 6 ]  Chuang F K. On the statistical theory of turbulence[D]. Pasadena: California Institute of Technology, 1950.

[ 7 ]  Batchlor G K. The theory of homogeneous turbulence[M]. Cambridge: Cambridge University Press,1959.

[ 8 ]  McComb W D. The physics of fluid turbulence[M]. Oxford: Oxford University Press, 1990.

[ 9 ]  Reshotko E. Transition issues for atmospheric entry[R]. AIAA 2007-0304, 2007.

[10]  Pate S R, Schueler C J. Radiated aerodynamic noise effects on boundary-layer transition in supersonic and hypersonic wind tunnels[J]. AIAA Journal, 1969, 7(3): 450-457.

[11]  Pate S R. Measurements and correlations of transition Reynolds numbers on sharp slender cones at high speeds[J]. AIAA Journal, 1971, 9(6): 1082-1090.

[12]  Fischer M C, Wagner R D. Transition and hot-wire measurements in hypersonic helium flow [J]. AIAA Journal, 1972, 10(10): 1326-1332.

[13]  Wagner R D, Maddalon D V, Weinstein L M. Influence of measured freestream disturbances on hypersonic boundary-layer transition[J]. AIAA Journal, 1970, 8(9): 1664-1670.

[14]  Pate S R. Dominance of radiated aerodynamic noise on boundary-layer transition in supersonic-hypersonic wind tunnels, theory and application [R]. AD AEDC - TR - 77 - 107, 1978.

［15］ Horvath T J, Berry S A, Merski N R. Hypersonic boundary/shear layer transition for blunt to slender configurations — a NASA Langley experimental perspective［R］. NASA Report ADA442053, 2006.

［16］ Berry S A, Horvath T J. Infrared imaging of boundary layer transition flight experiments［R］. AIAA 2008-4026, 2008.

［17］ Berger K T, Greene F A. Aerothermodynamic testing and boundary layer trip sizing of the HIFiRE flight 1 vehicle［R］. AIAA 2008-0640, 2008.

［18］ Wadhams T P, Mundy E, Maclean M G, et al. Pre-flight ground testing of the full-scale HIFiRE-1 Vehicle at fully duplicated flight conditions: Part II［R］. AIAA 2008-639, 2008.

［19］ Juliano T J, Schneider S P. Instability and transition on the HIFiRE-5 in a Mach-6 quiet tunnel［R］. AIAA 2010-5004, 2010.

［20］ Horvath T J, Berry S A, Merski N R, et al. Shuttle damage/repair from the perspective of hypersonic boundary layer transition-experimental results［R］. AIAA 2006-2919, 2006.

［21］ Middleton T F, Balla R J, Baurle R A, et al. The NASA Langley isolator dynamics research LAB［R］. NASA Report 2010-0002214, 2010.

［22］ Lin C C. The theory of hydrodynamic stability［M］. Cambridge: Cambridge University Press, 1955.

［23］ Mack L M. Boundary-layer stability theory［R］. NASA Report CR-131501, 1969.

［24］ Bogdanoff D W. Compressibility effects in turbulent shear layers［J］. AIAA Journal, 1983, 21(6): 926-927.

［25］ Papamoschou D, Roshko A. Observations of supersonic free shear layers［R］. AIAA Paper 86-0162, 1986.

［26］ Sandham N D. A numerical investigation of the compressible mixing layer［D］. Palo Alto: Stanford University, 1989.

［27］ 王强.可压平面混合层稳定性分析及数值模拟［D］.北京:中国科学院力学研究所,1999.

［28］ 沈清,杨晓辉,张涵信.二维超声速混合层流动稳定性的数值分析与并行计算［J］.空气动力学学报,2002,20(增刊):27-33.

［29］ 沈清,张涵信.二维超声速混合层流动间歇结构的数值分析(Mc=0.5)［C］.北京:第十届全国计算流体力学会议论文集,2000:149-154.

［30］ 沈清,袁湘江,张涵信.Mc=0.5 的超声速平面自由剪切层中二维涡横向失稳产生流向涡的数值模拟［C］.西安:第十二届全国计算流体力学会议论文,2004:55-61.

［31］ Herbert Th. Secondary instability of plane channel flow to subharmonic three-dimensional disturbances［J］. Physics of Fluids, 1983, 26(4): 871-874.

［32］ 黄永念.中国湍流研究的发展史 I 中国科学家早期湍流研究的回顾［C］.北京:全国力学史与方法论学术研讨会,2005.

# 第 2 章

------------------------------------------------

# 可压缩湍流计算方法

可压缩湍流计算方法由三方面内容构成：控制方程、湍流模型、计算格式，这些内容在很多教材[1,2]和文献中均有介绍，不再赘述。本书补充介绍后面计算用到的方法，一是关于 Navier-Stokes(N-S)方程的直接数值模拟方法，二是扰动方程的直接数值模拟方法。在扰动控制方程中，读者会发现，由于减去了平均流动，扰动方程的求解不会出现强激波，格式精度和稳定性都会得到改善，它在求解扰动演化过程方面效果非常好。

## 2.1 控制方程

### 2.1.1 N-S 方程

一般曲线坐标系下三维可压缩流动的守恒型控制方程如下：

$$\frac{\partial \boldsymbol{Q}}{\partial t} + \frac{\partial F_i}{\partial \xi_i} = \frac{\partial F_{vi}}{\partial \xi_i}$$

(2.1)

其中，

$$\boldsymbol{Q} = \frac{1}{J}\begin{bmatrix} \rho \\ \rho u \\ \rho v \\ \rho w \\ \rho e \end{bmatrix} = \frac{\rho \boldsymbol{\omega}}{J}$$

(2.2)

$$\boldsymbol{\omega} = \begin{bmatrix} 1 \\ u \\ v \\ w \\ e \end{bmatrix} \tag{2.3}$$

无黏矢通量的形式为

$$\boldsymbol{F}_i = \frac{\rho \lambda_i \boldsymbol{\omega}}{J} + \frac{\rho \lambda_c \boldsymbol{\omega}_{c,i}}{\gamma J} \tag{2.4}$$

定义：

$$\boldsymbol{\omega}_{c,i} = \begin{bmatrix} 0 \\ c\xi_{i,x} \\ c\xi_{i,y} \\ c\xi_{i,z} \\ c\lambda_i \end{bmatrix} \tag{2.5}$$

黏性矢通量为

$$\boldsymbol{F}_{v,i} = \frac{1}{J} \begin{bmatrix} 0 \\ \xi_{i,x}\tau_{xx} + \xi_{i,y}\tau_{xy} + \xi_{i,z}\tau_{xz} \\ \xi_{i,x}\tau_{xy} + \xi_{i,y}\tau_{yy} + \xi_{i,z}\tau_{yz} \\ \xi_{i,x}\tau_{xz} + \xi_{i,y}\tau_{yz} + \xi_{i,z}\tau_{zz} \\ \xi_{i,x}b_x + \xi_{i,y}b_y + \xi_{i,z}b_z \end{bmatrix} \tag{2.6}$$

其中，$\rho$ 代表密度；$u$、$v$、$w$ 分别代表 $x$、$y$、$z$ 三个方向的速度；$e$ 为总能密度，定义为 $e = \dfrac{p}{(\gamma - 1)\rho} + \dfrac{1}{2}u_i u_i$，$p$ 为压力，$\gamma$ 代表比热比。

黏性应力项为

$$
\begin{cases}
\tau_{xx} = 2\mu u_x - \dfrac{2}{3}\mu(u_x + v_y + w_z) \\[2mm]
\tau_{yy} = 2\mu v_y - \dfrac{2}{3}\mu(u_x + v_y + w_z) \\[2mm]
\tau_{zz} = 2\mu w_z - \dfrac{2}{3}\mu(u_x + v_y + w_z) \\[2mm]
\tau_{xy} = \tau_{yx} = \mu(u_y + v_x) \\[2mm]
\tau_{xz} = \tau_{zx} = \mu(u_z + w_x) \\[2mm]
\tau_{yz} = \tau_{zy} = \mu(v_z + w_y)
\end{cases}
\tag{2.7}
$$

$$
\begin{cases}
b_x = u\tau_{xx} + v\tau_{xy} + w\tau_{xz} - \dot{q}_x \\[2mm]
b_y = u\tau_{xy} + v\tau_{yy} + w\tau_{yz} - \dot{q}_y \\[2mm]
b_z = u\tau_{xz} + v\tau_{yz} + w\tau_{zz} - \dot{q}_z
\end{cases}
\tag{2.8}
$$

热流项为

$$
\begin{cases}
\dot{q}_x = -k\dfrac{\partial T}{\partial x} \\[3mm]
\dot{q}_y = -k\dfrac{\partial T}{\partial y} \\[3mm]
\dot{q}_z = -k\dfrac{\partial T}{\partial z}
\end{cases}
\tag{2.9}
$$

考虑完全气体,状态方程为

$$
p = \rho R T
\tag{2.10}
$$

其中,$R$ 为气体常数。对于空气,$R \approx 287.05\ \mathrm{J}/(\mathrm{mol}\cdot\mathrm{K})$。

一般曲线坐标系下,特征值为

$$
\lambda_i = u\xi_{i,x} + v\xi_{i,y} + w\xi_{i,z}
\tag{2.11}
$$

$$
\lambda_c = c
\tag{2.12}
$$

### 2.1.2　雷诺平均方程与滤波方程

式(2.1)中未引入任何模型,我们把直接求解该方程的方法称为直接数值模拟方法。由于直接数值模拟方法的计算量很大,人们又提出了雷诺平均方法和大涡模拟方法。这两种方法的控制方程在形式上并无区别。

流动变量的时均值定义为

$$\bar{f} = \frac{1}{T} \int_T f(x, t)\, \mathrm{d}t \tag{2.13}$$

流动变量的滤波操作定义为

$$\bar{f} = \int_D f(x')\, G(x, x'; \bar{\Delta})\, \mathrm{d}x' \tag{2.14}$$

利用这些定义,流动变量有如下分解形式:

$$f = \bar{f} + f' \tag{2.15}$$

同样,可压缩流动习惯采用 Favre 平均或 Favre 滤波,定义如下:

$$\tilde{f} = \frac{\overline{\rho f}}{\bar{\rho}} \tag{2.16}$$

控制方程形式以雷诺平均方程为例。式(2.1)的平均形式可写为

$$\frac{\partial \bar{Q}}{\partial t} + \frac{\partial \bar{F}_i}{\partial \xi_i} = \frac{\partial \bar{F}_{vi}}{\partial \xi_i} \tag{2.17}$$

进一步改写为

$$\frac{\partial \bar{Q}}{\partial t} + \frac{\partial \hat{F}_i}{\partial \xi_i} = \frac{\partial \hat{F}_{vi}}{\partial \xi_i} + \frac{\partial \hat{F}_i - \bar{F}_i}{\partial \xi_i} + \frac{\partial \hat{F}_{vi} - \bar{F}_{vi}}{\partial \xi_i} \tag{2.18}$$

其中,

$$\bar{Q} = \frac{\bar{\rho}\tilde{\omega}}{J} \tag{2.19}$$

$$\tilde{\omega} = \begin{bmatrix} 1 \\ \tilde{u} \\ \tilde{v} \\ \tilde{w} \\ \tilde{e} \end{bmatrix} \tag{2.20}$$

$$\hat{F}_i = \frac{\bar{\rho} \, \widetilde{\lambda_i \tilde{\omega}}}{J} + \frac{\bar{p} \tilde{A}_i}{J} \qquad (2.21)$$

黏性项形式与式(2.7)相同。同时,

$$\bar{F}_i = \frac{1}{J} \bar{\rho} \, \widetilde{\lambda_i \omega} + \frac{1}{J} \overline{p A_i} \qquad (2.22)$$

因此,

$$R_{\tau, i} = \hat{F}_i - \bar{F}_i = \frac{\bar{\rho}}{J} (\tilde{\lambda}_i \tilde{\omega} - \widetilde{\lambda_i \omega}) + \frac{1}{J} (\bar{p} \tilde{A}_i - \overline{p A_i}) \qquad (2.23)$$

其中,$\tilde{\lambda}_i \tilde{\omega} - \widetilde{\lambda_i \omega}$ 为雷诺应力项或亚格子应力项,文献中存在很多封闭模型,此处不予赘述[3];$\bar{p} \tilde{A}_i - \overline{p A_i}$ 为压力相关项,暂未见到成熟的封闭模型,因而常被忽略,但是可以看到,随着压缩性的增强,这一项的作用会越来越重要。通常,黏性相关性 $\hat{F}_{vi} - \bar{F}_{vi}$ 也常被忽略。

必须强调的是,雷诺平均方程与滤波方程形式相同,但内涵完全不同。雷诺平均方程是关于时间的平均,描述的流动是定常的;滤波方程是空间的平均,描述的流动仍是非定常的。

## 2.2 计算方法

本书大部分计算包括两个方面:基本流的计算和扰动演化过程的计算。其中,基本流的计算基于 N-S 方程,采用 NND 格式或 WENO 格式;扰动演化过程的计算基于 N-S 扰动方程,采用三阶精度的改进型 MacCormack 格式。下面对这些计算方法进行介绍。

### 2.2.1 WENO 方法

1994 年,在 Harten 等[4] 的 ENO(essentially non-oscillatory)格式基础上,Liu 等[5] 提出了 WENO(weighted essentially non-oscillatory)方法。该方法在处理含激波问题时可以兼顾精度和鲁棒性,得到了广泛使用,后续学者在此基础上进行了多种优化和修正[6-9]。本书主要使用 5 阶 WENO 格式。

WENO 格式主要用于无黏矢通量的离散。该离散过程以一维守恒律方程为

例的离散叙述如下。一维守恒律方程形式为

$$\frac{\partial u}{\partial t} + \frac{\partial f}{\partial x} = 0 \tag{2.24}$$

其中，$f = cu$，$c$ 为常数。如采用均匀网格，通常有

$$\left(\frac{\partial f}{\partial x}\right)_j = \frac{H_{j+1/2} - H_{j-1/2}}{\Delta x} \tag{2.25}$$

根据加权思想，总通量可以写为三个模板上的通量的加权平均，即

$$H_{j+1/2} = \omega_1 H_{j+1/2}^{(1)} + \omega_2 H_{j+1/2}^{(2)} + \omega_3 H_{j+1/2}^{(3)} \tag{2.26}$$

这里 $H_{j+1/2}^{(1)}$、$H_{j+1/2}^{(2)}$、$H_{j+1/2}^{(3)}$ 分别由模板 $S_0\{j-2, j-1, j\}$、$S_1\{j-1, j, j+1\}$ 及 $S_2\{j, j+1, j+2\}$ 给出，模板概念如图 2.1 所示。

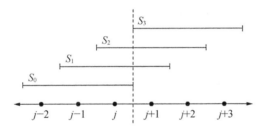

**图 2.1　通量计算的模板示意图**

如果要求这些通量给出的差分具有 3 阶逼近精度，那么，利用函数在 $j$ 点的 Taylor 级数展开式，可以给出如下的具体表达式：

$$\begin{cases} H_{j+1/2}^{(1)} = \dfrac{1}{3}f_{j-2} - \dfrac{7}{6}f_{j-1} + \dfrac{11}{6}f_j \\[2mm] H_{j+1/2}^{(2)} = -\dfrac{1}{6}f_{j-1} + \dfrac{5}{6}f_j + \dfrac{1}{3}f_{j+1} \\[2mm] H_{j+1/2}^{(3)} = \dfrac{1}{3}f_j + \dfrac{5}{6}f_{j+1} - \dfrac{1}{6}f_{j+2} \end{cases} \tag{2.27}$$

$\omega_1$、$\omega_2$ 和 $\omega_3$ 为加权因子，同样根据 Taylor 级数展开式容易给出光滑区域的"理想"加权因子，分别记为 $C_1$、$C_2$ 和 $C_3$，理论值为 $C_1 = 1/10$，$C_2 = 6/10$，$C_3 = 3/10$。利用该加权因子构造出的通量 $H_{j+1/2} = C_1 H_{j+1/2}^{(1)} + C_2 H_{j+1/2}^{(2)} + C_3 H_{j+1/2}^{(3)}$ 所对应的差分式：$f_j' = (H_{j+1/2} - H_{j-1/2})/\Delta x$ 具有 5 阶逼近精度。在 WENO 方法中，加

权因子 $\omega_i$ 在光滑区应当逼近理想值 $C_i$, 在模板存在间断的情况下应当足够小。Jiang 和 Shu[10] 给出了一组加权系数:

$$\omega_i = \frac{\alpha_i}{\alpha_1 + \alpha_2 + \alpha_3} \tag{2.28}$$

其中,

$$\alpha_i = \frac{C_i}{(\varepsilon + IS_i)^p} \tag{2.29}$$

其中, $\varepsilon$ 是一个小量,用以保证分母不为 0(例如可取 $\varepsilon = 10^{-6} \sim 10^{-8}$)。 $p$ 为一个整数,通常取为 1 或者 2,Jiang 和 Shu 建议取为 2。 $IS_i$ 为模板的光滑度量因子,在光滑区该量很小,在间断区该量相对较大,保证有间断的模板中 $\omega_i$ 很小。对于 5 阶精度的 WENO 格式,Jiang 和 Shu 给出如下形式的光滑度量因子:

$$IS_i = \sum_{l=1}^{2} \int_{x_{j-1/2}}^{x_{j+1/2}} \Delta x^{2l-1} q_i^l \mathrm{d}x \tag{2.30}$$

其中,

$$q^{(1)}(x) = \frac{\mathrm{d}}{\mathrm{d}x} q(x) = f_j + (x - x_j) f_j', \quad q^{(2)}(x) = \frac{\mathrm{d}^2}{\mathrm{d}x^2} q(x) = f_j'' \tag{2.31}$$

从而可以得到

$$IS_i = (\Delta x f_j'^{(i)})^2 + \frac{13}{12} (\Delta x^2 f_j''^{(i)})^2 \tag{2.32}$$

根据 Taylor 级数展开式可知 $IS_i = \Delta x^2 (f_j'^{(i)})^2 + O(\Delta x^4)$, 即 3 个模板构造出的光滑度量因子均趋向于一个 2 阶小量,彼此之间的差距为 4 阶小量。当 3 个模板都充分光滑时,格式具有 5 阶精度。光滑度量因子离散后的表达式如下:

$$\begin{cases} IS_1 = \dfrac{1}{4} (f_{j-2} - 4f_{j-1} + 3f_j)^2 + \dfrac{13}{12} (f_{j-2} - 2f_{j-1} + f_j)^2 \\[2mm] IS_2 = \dfrac{1}{4} (f_{j-1} - f_{j+1})^2 + \dfrac{13}{12} (f_{j-1} - 2f_j + f_{j+1})^2 \\[2mm] IS_3 = \dfrac{1}{4} (3f_j - 4f_{j+1} + f_{j+2})^2 + \dfrac{13}{12} (f_j - 2f_{j+1} + f_{j+2})^2 \end{cases} \tag{2.33}$$

以上对应 $c > 0$ 情形, 对于 $c < 0$ 情形可同理构造。此时模板取 $S_3\{j+3, j+2, j+1\}$, $S_2\{j+2, j+1, j\}$ 及 $S_1\{j+1, j, j-1\}$。通量与光滑度量因子的具体表达式为

$$
\begin{cases}
H_{j+1/2}^{(1)} = \dfrac{1}{3}f_{j+3} - \dfrac{7}{6}f_{j+2} + \dfrac{11}{6}f_j \\[2mm]
H_{j+1/2}^{(2)} = -\dfrac{1}{6}f_{j+2} + \dfrac{5}{6}f_{j+1} + \dfrac{1}{3}f_j \\[2mm]
H_{j+1/2}^{(3)} = \dfrac{1}{3}f_{j+1} + \dfrac{5}{6}f_j - \dfrac{1}{6}f_{j-1}
\end{cases}
\tag{2.34}
$$

$$
\begin{cases}
IS_1 = \dfrac{1}{4}(f_{j+3} - 4f_{j+2} + 3f_{j+1})^2 + \dfrac{13}{12}(f_{j+3} - 2f_{j+2} + f_{j+1})^2 \\[2mm]
IS_2 = \dfrac{1}{4}(f_{j+2} - f_j)^2 + \dfrac{13}{12}(f_{j+2} - 2f_{j+1} + f_j)^2 \\[2mm]
IS_3 = \dfrac{1}{4}(3f_{j+1} - 4f_j + f_{j-1})^2 + \dfrac{13}{12}(f_{j+1} - 2f_j + f_{j-1})^2
\end{cases}
\tag{2.35}
$$

以上是 WENO 格式的基本原理, 针对常系数线性方程, 也可看到, 当系数 $c$ 分别大于零和小于零时, 计算格式要求采用不同模板, 形式不同。

Navier-Stokes 方程的无黏矢通量通常需要进行相应的分裂, 常用的分裂方法主要有逐点分裂和特征分裂。

逐点分裂是将计算域内的每个离散点上的通量 $f$ 进行分裂: $f_j = f_j^+ + f_j^-$, $f_j^+$ 和 $f_j^-$ 分别对应特征值大于零和小于零的通量部分。分裂方式可以为 Lax-Friedichs 分裂、Steger-Warming 分裂及 van Leer 分裂。基于逐点分裂的 WENO 方法不能完全抑制过间断的振荡, 如果对流场品质要求很严格, 此时可采用特征分裂方法。特征分裂的思想是将基本物理量或者流矢通量投影到局部特征空间进行 WENO 格式的构造。

为了提高 WENO 格式的稳定性及分辨率, 很多研究人员对于光滑因子进行了改进。例如, Borges 等[7]提出了一种改进方式, 在稳定性及分辨率方面效果较好, 具体的改进如下, 令

$$
\tau_5 = \max(|IS_0 - IS_2|, \varepsilon)
\tag{2.36}
$$

以及

$$\beta_i^z = \frac{IS_i + \varepsilon}{IS_i + \tau_5} \tag{2.37}$$

$$\alpha_i = \frac{C_i}{\beta_i^z} \tag{2.38}$$

然后重新按式(2.28)计算加权因子。

下面介绍用 WENO 方法模拟的高超声速壁面孤立粗糙元诱导转捩现象[11]。流动条件为 $Ma_\infty = 6$，$Re = 2.6 \times 10^7 \, \text{m}^{-1}$，$T_\infty = 70 \, \text{K}$，$T_w = 300 \, \text{K}$。模型尺寸等如图 2.2 所示。

**图 2.2  高超声速壁面孤立粗糙元诱导转捩示意图(单位: mm)**

图 2.3 和图 2.4 分别为二阶不变量 $Q$ 等值面和密度梯度分布。可以看到，WENO 格式捕捉了粗糙元附近的波系结构,并在下游给出了丰富的涡系结构,表明该格式适合高超声速可压缩湍流问题的精细模拟。

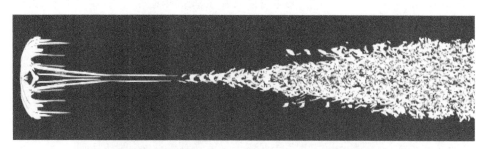

**图 2.3  高超声速壁面孤立粗糙元诱导转捩的二阶不变量 $Q$ 等值面**

图 2.5 给出了过粗糙元中心线对称面不同流向位置处($x = 180$、203、222、229 mm)的平均速度和 van Direst 变换后的平均流向速度剖面。可以看出,随着流向距离的增加,速度剖面逐渐与对数律靠近,当 $x = 222$ mm 时速度剖面与对数律完全吻合,且随着流向距离的继续增加,速度剖面基本不变,说明流动已经进入完全湍流状态。这同样表明 WENO 格式具备模拟高超声速可压缩湍流的能力。

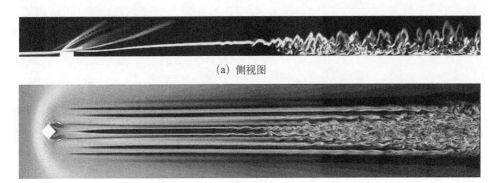

(a) 侧视图

(b) 俯视图

图 2.4　高超声速壁面孤立粗糙元诱导转捩的密度梯度分布

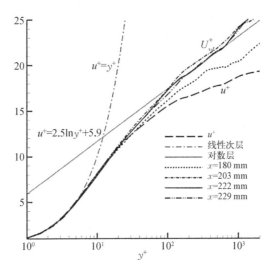

图 2.5　高超声速壁面孤立粗糙元诱导转捩的中心
对称面处不同流向位置的平均流向速度和
**van Direst** 变换后速度剖面

WENO 格式仍存在局部耗散过大的问题：一种解决办法是继续提高格式精度，如采用 7 阶 WENO 格式；另一种解决方式是增加模板数量，形成对称形式的 5 阶 WENO 格式（ESWENO），两种方法带来的坏处则是计算量增大，稳定性变差。

### 2.2.2　扰动方程及求解方法

转捩的本质是扰动的增长放大，那么，扰动如何进入流动、如何演化成为转掠研究的重要内容。这一问题通常称为感受性问题。对于高超声速流动,感受性计算的难点在于需同时刻画激波与扰动产生的流动结构,为维持激波等附近的计算稳定性需要格式具有较大耗散,而为精细刻画流动结构需要格式耗散很小,两者相互矛盾。解决的思路一是上述 WENO 格式思想,二是激波装配法。1998 年,我们提出了基于扰动方程的直接数值模拟方法[12],是另一条有效途径。由于强激波包含在基本流中,而基本流不随时间变化,扰动流场的计算可有效避免上述矛盾。

将流场分解为定常流场与扰动流场两部分之和, 写成一般形式有

$$q(x, y, z, t) = q_0(x, y, z, t) + q'(x, y, z, t) \qquad (2.39)$$

其中, $q$ 为瞬态流场; $q_0$ 为定常部分; $q'$ 为脉动部分,即为 $Q = Q_0 + Q'$, $F_i = F_{i0} + F_i'$, $F_{vi} = F_{vi0} + F_{vi}'$,以下仍记定常部分 $q_0$ 为 $q$, 则由式(2.1)有

$$\frac{\partial(Q + Q')}{\partial t} + \frac{\partial(F_i + F_i')}{\partial \xi_i} = \frac{\partial(F_{vi} + F_{vi}')}{\partial \xi_i} \qquad (2.40)$$

定常流动满足:

$$\frac{\partial Q}{\partial t} = 0 \qquad (2.41)$$

$$\frac{\partial(F_i - F_{vi})}{\partial \xi_i} = 0 \qquad (2.42)$$

将式(2.41)和式(2.42)代入式(2.40)得

$$\frac{\partial Q'}{\partial t} + \frac{\partial F_i'}{\partial \xi_i} = \frac{\partial F_{vi}'}{\partial \xi_i} \qquad (2.43)$$

其中,

$$Q' = \frac{1}{J} \begin{bmatrix} \rho' \\ (\rho u)' \\ (\rho v)' \\ (\rho w)' \\ (\rho e)' \end{bmatrix} \qquad (2.44)$$

$$F_i' = \frac{1}{J} \rho \omega \lambda_i' + \frac{1}{J} (\rho \omega)' (\lambda_i + \lambda_i') + \frac{1}{J} p' A_i + \frac{1}{J} p A_i' \qquad (2.45)$$

其中,

$$A_i = \begin{bmatrix} 0 \\ \xi_{i,x} \\ \xi_{i,y} \\ \xi_{i,z} \\ \lambda_i + \lambda_i' \end{bmatrix} \quad A_i' = \begin{bmatrix} 0 \\ 0 \\ 0 \\ 0 \\ \lambda_i' \end{bmatrix} \tag{2.46}$$

黏性应力张量的扰动形式为

$$\tau_{ij}' = \frac{1}{Re}\left\{(\mu + \mu')\left(\frac{\partial u_i'}{\partial x_j} + \frac{\partial u_j'}{\partial x_i}\right) + \mu'\left(\frac{\partial u_i}{\partial x_j} + \frac{\partial u_j}{\partial x_i}\right) + \left[(\lambda + \lambda')\frac{\partial u_k'}{\partial x_k} + \lambda'\frac{\partial u_k}{\partial x_k}\right]\delta_{ij}\right\} \tag{2.47}$$

下标 $i$、$j$、$k$ 遵从 Einstein 求和约定,$\delta_{ij}$ 是 Kronecker 符号。由完全气体方程可知,扰动状态方程为

$$T' = T_0\left(\frac{p'}{p_0} - \frac{\rho'}{\rho_0}\right) \tag{2.48}$$

此外,变量 $\lambda' = -\dfrac{2}{3}\mu'$,$\mu'$ 可近似地由 Sutherland 公式获得,为 $T'$ 的函数,形式为

$$\mu' = \mu_0\left(\frac{3}{2T_0} - \frac{1}{C + T_0}\right)T' \tag{2.49}$$

最后原始变量的扰动值由 $\rho'$ 和 $(\rho\omega)'$ 可得

$$\omega' = \frac{(\rho\omega)' - \rho'\omega}{\rho + \rho'} \tag{2.50}$$

注意,该扰动方程存在一个基本假设,基本流满足 N-S 方程,且是定常的。同时,该扰动方程与小扰动方程不同,保留了扰动乘积的二阶项,如前述假设成立,它与 N-S 方程等价。可见,由于把定常流部分剥离出来,从而把基本流中激波这类流场大梯度区域定常化,使得格式对扰动波的分辨率和对流动结构的刻画能力更强,特别适合可压缩流动失稳过程和失稳结构演化过程模拟。

关于定常流场的模拟,可以采用不同格式,如二阶精度的 NND 格式[13,14]或

WENO 格式等,对守恒形式方程(2.1)进行数值计算,得到无扰动的安静流场环境。

关于流动稳定性的模拟,需要求解方程(2.43),模拟小扰动波在流场内的传播过程。为了分辨扰动波,数值模拟要求计算方法具有很高的时间和空间精度。下面介绍下沈清等建立的具有时间、空间三阶精度的有限差分格式[15,16]。

对于式(2.24)形式的方程,其时间推进过程为

$$
\begin{cases}
u_i^* = u_i^n - \dfrac{\Delta t}{2}\delta_x^- f_i^n \\[2mm]
u_i^{**} = u_i^n - \dfrac{\Delta t}{2}\delta_x^+ f_i^* \\[2mm]
u_i^{***} = u_i^n - \Delta t\delta_x^- f_i^{**} \\[2mm]
u_i^{n+1} = u_i^n - \dfrac{\Delta t}{6}(\delta_x^- f_i^n + 2\delta_x^+ f_i^* + 2\delta_x^- f_i^{**} + \delta_x^+ f_i^{***})
\end{cases}
\tag{2.51}
$$

其中,

$$
\begin{cases}
\delta_x^- f_i = \dfrac{7f_i - 8f_{i-1} + f_{i-2}}{6\Delta x} \\[3mm]
\delta_x^+ f_i = -\dfrac{7f_i - 8f_{i+1} + f_{i+2}}{6\Delta x}
\end{cases}
\tag{2.52}
$$

下面以超声速混合层为例,展示该方法的能力。流动条件如下: $Ma_1 = 1.4$, $Ma_2 = 3.509$, $p_1 = p_2 = 1.311\ 1\ \text{kPa}$, $T_1 = 215.5\ \text{K}$, $T_2 = 86.6\ \text{K}$, $\rho_1 = 0.021\ 2\ \text{kg/m}^3$, $\rho_2 = 0.052\ 7\ \text{kg/m}^3$, $u_1 = 412.1\ \text{m/s}$, $u_2 = 654.7\ \text{m/s}$。

首先采用二阶迎风 NND 有限差分格式,求解定常可压缩 N-S 方程得到基本流场,图 2.6 为选定流向位置的基本流剖面。然后在该剖面基础上叠加扰动,利用式(2.43)模拟扰动的演化过程。扰动参数通过线性稳定性分析获得,扰动形式为 $v' = \varepsilon\sin(\omega t)$,振幅为 $1\times10^{-4}$,扰动频率为 $\omega = 91.0/(2\pi)$。计算网格数目 $1\ 001\times101$,计算域 $x \in [0, 0.5]$,$y \in [-0.248, 0.248]$,法向最小网格间距为 $dy_{min} = 2\times10^{-5}$,等比拉伸率 $\beta = 1.05$。

图 2.7 和图 2.8 显示的是扰动波在混合层内的发展情况。可以看到,该方法清晰刻画了各扰动量的空间发展结构。所有结果均表明,该方法在研究扰动演化过程方面的效果很好。

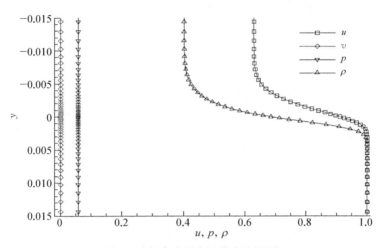

图 2.6　超声速混合层基本流剖面

(a) 密度云图

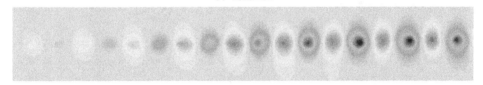

(b) 压力云图

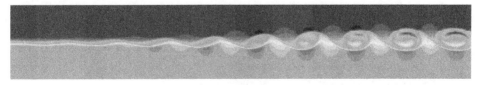

(c) 马赫数云图

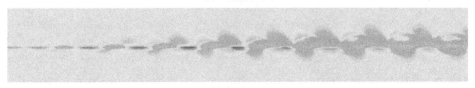

(d) 涡量云图

图 2.7　混合层流场云图

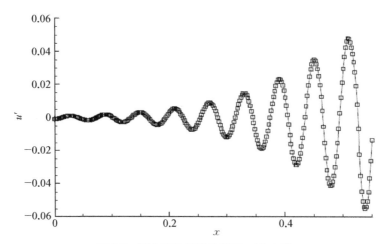

图 2.8　混合层流场扰动速度 $u'$ 分布图

## 参考文献

[ 1 ] 阎超.计算流体力学方法及应用[M].北京:北京航空航天大学出版社,2006.

[ 2 ] 傅德薰,马延文,李新亮,等.可压缩湍流直接数值模拟[M].北京:科学出版社,2010.

[ 3 ] 张兆顺,崔桂香,许春晓,等.湍流理论与模拟[M].北京:清华大学出版社,2005.

[ 4 ] Harten A, Engquist B, Osher S, et al. Uniformly high order essentially non-oscillatory schemes, III[J]. Journal of Computational Physics, 1987, 71(2): 231-303.

[ 5 ] Liu X D, Osher S, Chan T. Weighted essentially non-oscillatory schemes[J]. Journal of Computational Physics, 1994, 115(1): 217-237.

[ 6 ] Henrick A K, Aslam T D, Powers J M. Mapped weighted essentially non-oscillatory schemes: achieving optimal order near critical points[J]. Journal of Computational Physics, 2005, 207(2): 542-567.

[ 7 ] Borges R, Carmona M, Costa B, et al. An improved weighted essentially non-oscillatory scheme for hyperbolic conservation laws[J]. Journal of Computational Physics, 2008, 227 (6): 3191-3211.

[ 8 ] Taylor E M, Wu M, Martin M P. Optimization of nonlinear error for weighted essentially non-oscillatory methods in direct numerical simulations of compressible turbulence[J]. Journal of Computational Physics, 2007, 223(1): 384-397.

[ 9 ] Martin M P, Taylor E M, Wu M, et al. A bandwidth-optimized WENO scheme for the effective direct numerical simulation of compressible turbulence[J]. Journal of Computational Physics, 2006, 220(1): 270-289.

[10] Jiang G S, Shu C W. Efficient implementation of weighted ENO schemes[J]. Journal of Computational Physics, 1996, 126(1): 202-228.

[11] 朱德华,袁湘江,沈清,等.高超声速粗糙元诱导转捩的数值模拟及机理分析[J].力学学报,2015,47(3): 382-388.

[12] Shen Q, Li Q, Deng X G, et al. Numerical simulation of two-dimensional hypersonic boundary layer stability[R]. AIAA Paper 98-2484, 1998.

[13] 张涵信,沈孟育.计算流体力学——差分方法的原理与应用[M].北京:国防工业出版社,2003.

[14] 张涵信.无波动、无自由参数的耗散差分格式[J].空气动力学学报,1988,38(2):143-165.

[15] 沈清.高超声速边界层稳定性的数值模拟[R].CARDC Report 97018,1997.

[16] Shen Q, Zhang H X. Numerical simulation of intermittent structure in two-dimensional supersonic mixing-layer flow (Mc=0.5)[C]. Mianyang:The 4th Asia Computational Fluid Dynamics Conference, 2000.

# 第 3 章

------

# 高超声速边界层风洞试验技术

风洞试验是湍流研究的重要手段,一方面试验可观测湍流现象,认识湍流的基本形态和特征;另一方面试验可捕捉流动失稳模态,探索湍流发生的内在机制。相比于低速边界层问题,高超声速边界层的试验难度更高,代价更大。例如,高超声速边界层内扰动波的频率更高,幅值更小,常常湮没在背景噪声信号中,如何降低风洞背景噪声,提取与边界层相关的特征信号是一个技术难题。一般来说,成功的试验取决于三方面技术水平:一是风洞设备的流场品质;二是测试技术的时空分辨率;三是有效信息的提取和辨识。本章将从这三个方面进行介绍,主要围绕高超声速边界层流动展开。

## 3.1  高超声速风洞

高超声速风洞是产生高超声速气流的地面试验设备,但不是所有高超声速风洞都可用于转捩和湍流研究。表 3.1 列出了部分开展过高超声速边界层转捩试验的国内外风洞。下面先简单讨论风洞能力,再介绍产生本书试验数据的两座风洞设备。

表 3.1  部分开展过高超声速边界层转捩试验的风洞设备

| 研 究 机 构 | 风 洞 名 称 |
|---|---|
| NASA Langley 研究中心 | Langley 12 in[*] Hypersonic Helium Tunnel<br>Langley 18 in Hypersonic Helium Tunnel |

------

[*]  1 in = 2.54 cm。

（续表）

| 研 究 机 构 | 风 洞 名 称 |
|---|---|
| NASA Langley 研究中心 | Langley 20 in Hypersonic Tunnel<br>Langley 22 in Hypersonic Helium Tunnel<br>60-in Mach 18 Leg of the Langley high Reynolds number Helium Tunnel<br>Langley 马赫 6 高雷诺数风洞<br>Langley 马赫 8 变密度风洞<br>LaRC 低湍流度风洞<br>LaRC 马赫 6 轴对称静风洞(得克萨斯 A&M 学院) |
| Ames 研究中心 | NASA Ames 9×7 ft* SWT tunnel |
| AEDC | AEDC-VKF-A tunnel<br>AEDC-VKF-B tunnel<br>AEDC-VKF-C tunnel<br>AEDC-VKF-D tunnel<br>AEDC-VKF-E tunnel<br>AEDC-VKF-F tunnel |
| CUBRC | LENS-I(激波风洞)<br>LENS-II(激波风洞) |
| 普渡大学 | 马赫 6 静风洞 |
| 德国 DLR | H2K 风洞 |
| RAE | RAE 24 in wind tunnel |
| VKI | VKI-H3 |
| USSR | T313,T325 |
| 中国航天空气动力技术研究院 | FD-03,FD-07,FD-20,FD-20A 等 |
| 中国空气动力研究与发展中心 | $\Phi$1 m 常规风洞,$\Phi$2 m 激波风洞等 |
| 中国科学院力学研究所 | JF8A,JF-12 复现风洞等 |
| 北京大学 | $\Phi$120 mm,$\Phi$300 mm 静风洞 |
| 国防科技大学 | 低湍流度风洞 |

### 3.1.1　风洞能力

风洞能力以试验相似准则为基础,是指它对真实飞行环境的模拟能力。对

---

\* 　1 ft＝30.48 cm。

于一个动力系统,试验相似准则包括几何相似、动力学参数相似和边界条件相似。

首先是几何相似,反映在风洞设备的能力上是风洞尺寸。风洞提供一个有限的试验空间,相比于真实飞行,风洞试验一般是模型缩比试验。目前国内外主力高超声速风洞尺寸在 1 m 量级。试验模型安装在风洞喷管出口下游的试验段内,会对气流形成阻碍,模型需满足试验阻塞比要求,比风洞尺寸更小。当风洞尺寸较小时,飞行器上的小尺寸结构缩比后很难加工,造成局部几何不相似。这种不相似对气动力试验影响不是很大,但是会对转捩试验结果产生重要影响。

其次是动力学参数相似。对于完全气体,边界层转捩试验最重要的动力学参数是马赫数和雷诺数。马赫数和雷诺数对转捩试验结果影响显著,例如,对于马赫数 6 的平板或圆锥边界层,当来流雷诺数增加一倍时,转捩雷诺数可增加 70%。因此,来流雷诺数和马赫数的覆盖能力是风洞的重要指标。

最后是边界条件相似。对于边界层转捩相关试验,边界条件相似最主要的是风洞来流噪声和模型壁温比。这两个条件也是地面最难模拟的条件。在很长一段时间内,人们努力降低风洞背景噪声,提高风洞流场品质。20 世纪 50 年代,Morkovin 就已经开展了超声速风洞流场干扰源的研究,讨论了多种自由来流脉动产生的可能性。风洞流场的来流扰动区分为涡波、声波和熵波,对于高超声速边界层转捩,影响最大的是声波扰动。高超声速风洞中声波扰动包括从洞壁湍流边界层辐射出的马赫波、洞壁不平引起的马赫波,以及从驻室传播的声波扰动,最主要的是第一类。风洞噪声不仅可以影响模型转捩的位置,甚至会改变其趋势。例如,线性稳定性理论表明:半锥角 5°圆锥的转捩雷诺数是平板的 0.7 倍,但是噪声条件下的风洞试验数据却显示,圆锥的转捩雷诺数比平板模型更高。再如,常规超声速风洞的平板边界层转捩雷诺数均在 $2\times10^6$ 左右,与 e-N 方法获得的转捩雷诺数相差 5 倍以上,而 NASA 兰利中心的马赫数 3.5 超声速静风洞获得的试验数据则与 e-N 方法获得的转捩雷诺数符合得很好。同样,Casper 等[1]的试验表明,相比于静音环境,噪声条件下绊点的转捩位置更早。

背景噪声对边界层转捩的重要影响使人们从 20 世纪 70 年代就开始了静风洞的设计。1983 年,NASA 兰利中心成功建造了世界上首座超声速静风洞,试验马赫数为 3.5;1991 年又建成了马赫数 6 的高超声速静风洞,2005 年,该风洞搬至得克萨斯农业机械大学。目前,在役的高超声速静风洞还有普渡大学的马赫数 6 静风洞和北京大学的 Φ300 mm 口径的马赫数 6 静风洞。静风洞的背景噪声降至0.01%~0.1%。

　　不管怎样,地面风洞模拟环境与实际飞行环境总是存在差异,这种天地差异带来了转捩数据的天地相关性问题,飞行试验是解决该问题的重要环节,也是转捩研究的一个重要方向。由于这方面的积累较少,本书暂不讨论这一问题。

　　下面将介绍本书产生试验数据的两座风洞。

### 3.1.2　FD-20 风洞

　　FD-20 风洞是一座高超声速脉冲风洞,如图 3.1 所示。根据运行方式不同,高超声速风洞又分为激波风洞和炮风洞两种类型。FD-20 风洞的洞体部分如图 3.2 所示,主要有驱动段(高压段)、第一夹膜段(双膜段)、被驱动段(低压段)、

图 3.1　FD-20 高超声速脉冲风洞喷管和试验段照片

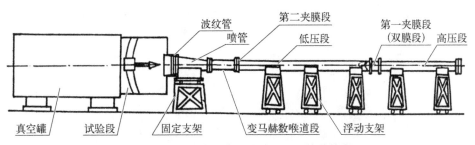

图 3.2　FD-20 高超声速脉冲风洞总体结构图

第二夹膜段、变马赫数喉道喷管、试验段和真空罐。在驱动段和被驱动段之间有双膜机构把驱动段和被驱动段分开,在被驱动段和喷管之间是第二道膜片,另外配套系统还有气源系统、真空系统、测试系统等。

FD-20 风洞驱动段长 10 m,内径 160 mm,被驱动段长 15 m,内径 130 mm。喷管出口直径有两种,分别是 380 mm 和 480 mm。试验段为直径 1.6 m、长 2 m 的圆柱段。该风洞配有名义马赫数 5、6、8、10、12、14 共 6 套型面喷管,可以提供的单位雷诺数范围是 $1.0×10^6 \sim 6.0×10^7$ $\text{m}^{-1}$,总温可达 1 200 K 以上。根据不同高低压匹配运行方式,风洞运行时间为 $1 \sim 60$ ms。风洞配有弯刀机构用于改变模型攻角和侧滑角状态,攻角变化范围是 $-16° \sim 46°$,侧滑角变化范围是 $-8° \sim 8°$。FD-20 脉冲风洞可用于包括气动力/热环境在内的多种类型的高超声速气动试验,本书中的平板边界层转捩测量与激波/边界层干扰实验即在该风洞中完成。

### 3.1.3　FD-07 风洞

FD-07 风洞是一座暂冲式下吹-引射高超声速风洞,如图 3.3 所示,以空气为工作介质。带封闭室的自由射流试验段尺寸为 1 880 mm×1 400 mm×1 130 mm。喷管出口直径为 $\Phi$500 mm,可模拟马赫数 $5 \sim 8$。风洞使用可提供 873 K 温度的金属板片蓄热式加热器,通过二级引射气流,可保证 $Ma \leqslant 8$ 气流不冷凝和风洞起动压力比。风洞工作时,高温截止阀打开,气流在稳定段(前室)稳压后流过

图 3.3　FD-07 高超声速常规风洞照片

喷管加速膨胀达到所需的马赫数,进入试验段的工作气流经超声速扩压段升压,再流过引射器、亚声速扩压段从消音塔排向大气。

马赫数 6 以上的喷管都带有水冷却装置,防止喷管结构受热喉道产生变形。为试验段专门配备了模型快速插入四自由度机构,即试验段中的模型可实现攻角 -10°~50° 和侧滑角 -10°~10° 的变化,在流向上的移动范围为 -100~250 mm,法向移动范围为 -100~500 mm。其中,角度精确到 0.02°,移动位置精确到 0.1 mm。试验段侧壁开有通光口径为 $\Phi350$ mm 的光学玻璃窗口,供纹影仪观察和拍摄流场使用。本书中介绍的边界层稳定性实验即在 FD-07 风洞中完成。

### 3.1.4　背景噪声测量

与常规力/热环境试验不同,边界层转捩对流场品质要求更高。过高的背景噪声很可能改变边界层转捩规律,与飞行环境下的转捩存在明显天地差异,因而,定量的背景噪声数据是讨论边界层转捩的前提。正如美国普渡大学的 Schneider[2] 提到:"风洞背景噪声级别在风洞实验中非常重要,没有给出自由来流噪声级别的转捩雷诺数几乎没有任何价值。"因此,我们对 FD-20 风洞和 FD-07 风洞进行了背景噪声的评估。

背景噪声级别一般采用脉动压力均方根值 $p_{RMS}$、气流脉动压力系数 $C_{pRMS}$、噪声声压级 SPL 和噪声级百分比(noise level)4 个参数进行评价。

$$p_{RMS} = \lim_{T \to \infty} \sqrt{\frac{1}{T} \int_0^T (p')^2 dt} \qquad (3.1)$$

$$C_{pRMS} = \left(\frac{p_{RMS}}{q}\right) \times 100\% \qquad (3.2)$$

$$SPL = 20\lg \frac{p_{RMS}}{2 \times 10^{-5}} \qquad (3.3)$$

$$\text{noise level} = \frac{p_{RMS}}{\bar{p}} \times 100\% \qquad (3.4)$$

其中,$p'$ 表示实验测得的压力脉动值;$q$ 为来流动压;$\bar{p}$ 为试验测得的平均压力值。压力脉动数据有两种测量方法:① 测量流场中平板或圆锥表面的静压脉动;② 测量喷管壁面附近的皮托压力脉动。利用这两种方法测量了 FD-07 风洞

和 FD-20 风洞马赫数 6 和 8 条件下的背景噪声,以及背景噪声各频段的分布
情况。

1. 试验模型

平板模型长 400 mm,宽 300 mm,厚 18 mm,采用经过淬火处理的 30CrMnSiA
钢材料加工,如图 3.4 所示。前缘楔角为 20°,加工时前缘尽量尖,实际上加工
后其前缘半径小于 0.1 mm。左端为模型的前缘,每列的第一个测点距离前缘
80 mm。A 列测点的孔径 5 mm,测点间距为 20 mm,共 14 个测点,用于安装 PCB
传感器;B 列测点的孔径 3 mm,其中前 5 个测点间距为 20 mm,其余测点间距为
60 mm,共 8 个测点,用于安装 Kulite 传感器;C 列测点的孔径 2 mm,测点间距为
20 mm,共 14 个测点,用于安装薄膜电阻温度计。

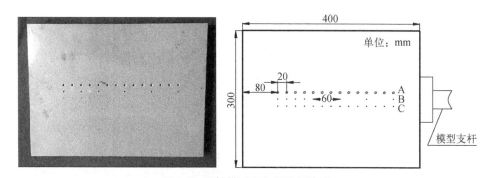

图 3.4　平板模型实物图和示意图

由于 FD-07 风洞和 FD-20 风洞中的安装方式和测量手段不同,分别设计了
两个总压耙用于两座风洞的总压脉动测量,以评估风洞背景噪声。

FD-07 风洞总压耙为"一"字排架,共有 4 个测点,上下分布,距离喷管出口
100 mm。其中,距离中心位置 52 mm 处,对称安装两个 PCB 系列脉动压力传感
器,用于测量波后总压的脉动值;距离中心位置 68 mm 处,对称安装两个总压
探头(连接 8400 电子扫描阀),用于测量波后总压的平均值。实验中为避免气
流对传感器的加热效应,采用攻角机构对总压耙进行投放,即在流场完全建立
后,将总压耙投放至流场中进行测量,测量时间为 1 s。图 3.5 给出了风洞安装
照片。

FD-20 风洞总压耙支架为"十"字排架,如图 3.6 所示,有 17 个安装位置。
相邻位置测点间距为 45 mm。本次实验使用了其中的 5 个测点。测点 A、B 和 C
安装平均压力传感器(NS-2),用于测量波后总压的平均值;测点 D 和 E 安装
PCB 压力传感器,用于测量波后总压的脉动值。

图 3.5　FD-07 常规风洞总压耙安装照片

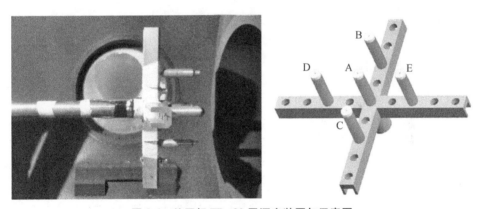

图 3.6　总压耙 FD-20 风洞安装图与示意图

2. 结果分析

1）平板静压脉动

FD-07 风洞：在平板中心线上沿流向位置安装了 3 个 Kulite 传感器，用于探测边界层转捩位置，同时将层流区的压力脉动信号用于风洞背景噪声评估。按照式（3.1）~式（3.4）进行计算，两个雷诺数下的风洞背景噪声参数分布如图 3.7 所示。实验结果表明，在层流区内压力脉动的均方根值较低，随着转捩的开始，均方根值逐渐增大，直到转捩后期均方根值到达峰值，随后开始降低。完全湍流时压力脉动的均方根值又达到层流的量级。利用上述压力脉动均方根值在不同流态下的特征，可以判断边界层的流态。结果显示，两个雷诺数下，$x = 80$ mm

和 160 mm 处的两个传感器处于层流边界层中,可以用于风洞背景噪声计算。
FD-07 风洞中,平板噪声级为 120~130 dB,其噪声级百分比为 1.5%~2.5%。

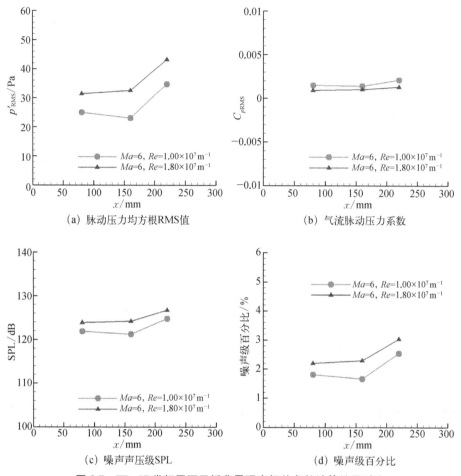

(a) 脉动压力均方根RMS值    (b) 气流脉动压力系数

(c) 噪声声压级SPL    (d) 噪声级百分比

**图 3.7    FD-07 常规风洞平板背景噪声相关参数计算结果对比**

FD-20 风洞:在平板中心线上沿流向位置安装了 4 个 Kulite 传感器,用于探测边界层转捩位置,同时将层流区的压力脉动信号用于测量风洞背景噪声。马赫数 6 条件下的风洞背景噪声参数分布如图 3.8 所示。从图中可以看出,雷诺数为 $2.8 \times 10^7$ m$^{-1}$ 时,所有 Kulite 传感器全部处于转捩或湍流状态;雷诺数为 $1.0 \times 10^7$ m$^{-1}$ 时,转捩发生在距离平板前缘 120~160 mm 处。因此,在雷诺数为 $1.0 \times 10^7$ m$^{-1}$ 条件下,距离平板前缘 80 mm 处的 Kulite 传感器的压力脉动信号可用于计算风洞背景噪声。可以看出,平板声压级约为 128 dB,其噪声级百分比约

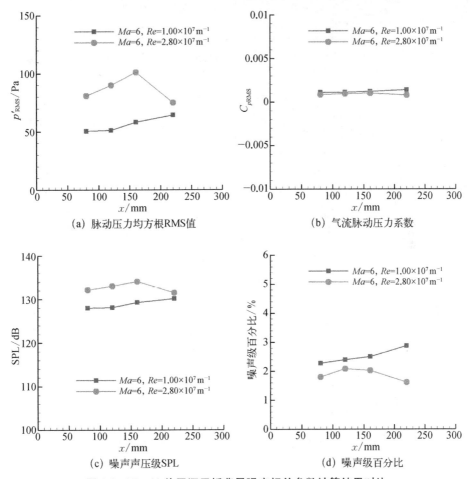

**图 3.8　FD-20 炮风洞平板背景噪声相关参数计算结果对比**

为 2.3%,这一结果与 FD-07 风洞结果基本一致。

马赫数 8 条件下的风洞背景噪声参数分布如图 3.9 所示。图中可以看出,前 3 个 Kulite 传感器处于层流边界层内,可以用于评估风洞背景噪声。平板声压级约为 114.5 dB,其噪声级百分比约为 1.2%。

2) 皮托压力脉动

由于现有 Kulite 传感器(XCQ-80)的量程(0~1.7 bar*)较小,而且其结构较脆弱,无法进行总压测量,因此皮托压力脉动测量使用了 PCB 传感器。同样按

---

\* 1 bar = $10^5$ Pa。

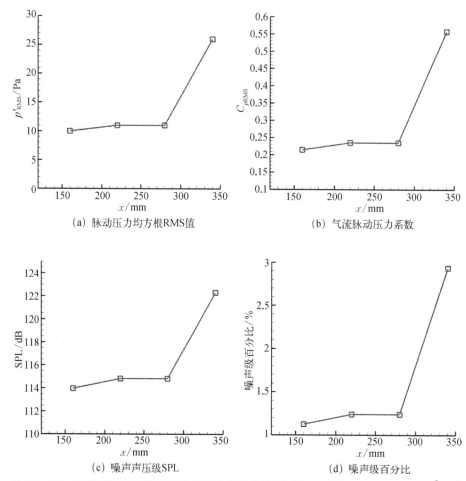

图 3.9　FD-20 炮风洞平板背景噪声相关参数计算结果对比,马赫数 8,雷诺数 $1.1 \times 10^7$ m$^{-1}$

照式(3.1)~式(3.4)进行了脉动压力均方根 RMS 值、气流脉动压力系数 $C_{pRMS}$、噪声声压级 SPL 和噪声级百分比 4 个参数的计算。

FD-07 风洞: 结果如表 3.2 所示,可以看出,FD-07 风洞背景噪声总压声压级为 150~160 dB,而噪声级百分比基本为 1.6%~2.5%,这一结果与平板静压脉动测量结果一致。实际上,在背景噪声中,不同频段波对噪声的贡献是不一样的。一般认为,150 kHz 以上的高频段是主导转捩的第二模态不稳定波经常出现的频段,因此,该频段噪声的高低更能说明风洞的流场品质。图 3.10 给出了 FD-07 风洞皮托压力背景噪声马赫数 6 条件下的功率谱密度分析结果。图 3.11 给出的是马赫数 6、雷诺数 $1.8 \times 10^7$ m$^{-1}$ 条件下 $y = 52$ mm 位置测点不同频段波的

噪声级百分比。两个图的结果均表明,背景噪声主要成分分布在低频段
(150 kHz 以下),对转捩影响更大的高频段(150~500 kHz)噪声较低,表明该风
洞可以用于高超声速边界层转捩实验研究。

表 3.2　FD-07 风洞皮托压力脉动均方根和噪声级百分比

| 状　　态 | 位置/mm | 均方根值/Pa | $C_{pRMS}$ | 声压级/dB | 噪声级百分比/% | 噪声级百分比平均值/% |
|---|---|---|---|---|---|---|
| $Ma=6$ $Re=1\times10^{7}\,\mathrm{m}^{-1}$ | $y=52$ | 745.8 | 0.043 | 151.4 | 2.30 | 2.25 |
| | $y=-52$ | 761.1 | 0.044 | 151.6 | 2.30 | |
| $Ma=6$ $Re=1\times10^{7}\,\mathrm{m}^{-1}$ | $y=52$ | 820 | 0.048 | 152.3 | 2.50 | |
| | $y=-52$ | 622.3 | 0.036 | 149.9 | 1.90 | |
| $Ma=6$ $Re=1.8\times10^{7}\,\mathrm{m}^{-1}$ | $y=52$ | 1 485.3 | 0.043 | 157.4 | 2.43 | 2.015 |
| | $y=-52$ | 1 000.9 | 0.030 | 154.1 | 1.60 | |

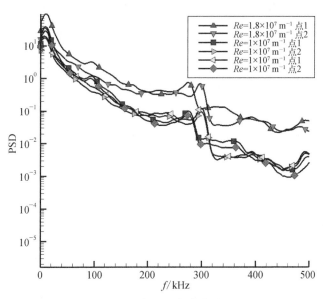

图 3.10　FD-07 风洞皮托背景噪声功率谱分析结果($Ma=6$)

FD-20 风洞:同样按照静压脉动的处理方法对脉动压力均方根 RMS 值和
噪声级百分比两个参数进行了计算,结果如表 3.3 所示。可以看出,风洞噪声级
百分比为 1.76%~2.40%,这一结果与静压测量结果基本一致。图 3.12 给出了
FD-20 风洞皮托压力在马赫数 6 条件下的功率谱密度分析结果。图 3.13 给出

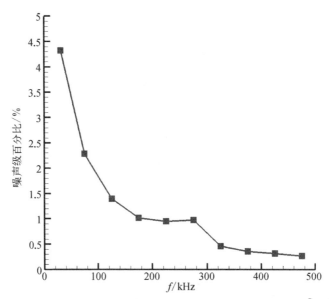

图 3.11    分频段压力脉动噪声百分比分布($Ma=6$, $Re=1.8\times10^{7}$ m$^{-1}$)

的是马赫数 6、雷诺数 $1.6\times10^{7}$ m$^{-1}$ 条件下 E 点不同频段波的噪声级百分比。两个图的结果均表明,背景噪声主要成分分布在低频段,对转捩影响更大的高频段噪声较低,可以用于高超声速边界层转捩实验研究。

表 3.3    FD-20 风洞皮托压力脉动均方根和噪声级百分比

| 状　　态 | 位置/mm | 均方根值/Pa | $C_{pRMS}$ | 声压级/dB | 噪声级百分比/% | 噪声级百分比平均值/% |
|---|---|---|---|---|---|---|
| $Ma=6$ $Re=1.0\times10^{7}$ m$^{-1}$ | −90(D 点) | 3 040.0 | 0.049 2 | 163.6 | 2.58 | 2.38 |
| | 90(E 点) | 2 651.8 | 0.042 9 | 162.5 | 2.29 | |
| $Ma=6$ $Re=1.0\times10^{7}$ m$^{-1}$ | −90(D 点) | 2 939.3 | 0.040 9 | 164.8 | 2.54 | |
| | 90(E 点) | 2 523.5 | 0.053 0 | 167.1 | 2.11 | |
| $Ma=6$ $Re=1.6\times10^{7}$ m$^{-1}$ | −90(D 点) | 2 312.7 | 0.035 4 | 161.3 | 1.80 | 1.76 |
| | 90(E 点) | 2 213.8 | 0.033 9 | 160.9 | 1.72 | |
| $Ma=6$ $Re=1.8\times10^{7}$ m$^{-1}$ | −90(D 点) | 3 496.5 | 0.042 6 | 165.3 | 2.15 | 2.40 |
| | 90(E 点) | 4 534.3 | 0.045 2 | 165.8 | 2.80 | |
| $Ma=6$ $Re=1.8\times10^{7}$ m$^{-1}$ | −90(D 点) | 3 675.1 | 0.047 6 | 163.3 | 2.30 | |
| | 90(E 点) | 3 901.1 | 0.040 9 | 162.0 | 2.36 | |

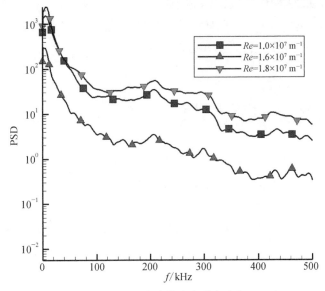

图 3.12　皮托压力脉动的功率谱密度( $Ma=6$ )

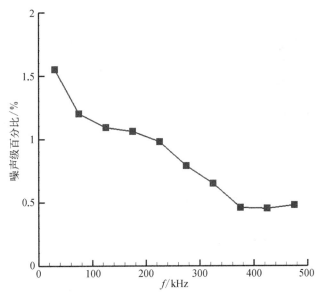

图 3.13　分频段压力脉动噪声百分比分布( $Ma=6$ , $Re=1.6×10^7\ m^{-1}$ )

　　另外,试验中发现,FD-20 风洞中的背景噪声信号与活塞振荡存在一定关联性。适当调整风洞被驱动段的压力,使活塞能够较平稳地停在被驱动段末端,可以一定程度上降低风洞噪声。当驱动压力为 5 MPa、被驱动压力为 0.1 MPa、风

洞自由流雷诺数为 $1.0 \times 10^7 \, \mathrm{m}^{-1}$ 时,其噪声百分比为 2.38%;保持驱动段压力不变,适当调整驱动段压力至 0.2 MPa,风洞自由流雷诺数增加至 $1.6 \times 10^7 \, \mathrm{m}^{-1}$,噪声反而降低,噪声级百分比为 1.76%。

## 3.2    边界层转捩测试技术

边界层转捩测试技术有很多,一般根据模型表面压力、温度、热流及其脉动进行转捩测量,或者根据空间流动结构判断转捩,可以有不同的分类,例如分为接触式测量方法和非接触式测量方法。

接触式测量方法一般指小型化、高精度的电信号传感器。局部点的压力与压力脉动、温度、热流及其脉动大多采用此类方法。模型表面压力、温度、热流的测试技术较为成熟,误差可控制在 5% 以内。目前主要挑战来自脉动信号的测量。高超声速流动脉动信号频响可高达几十到几百 kHz,目前主要采用 Kulite 和 PCB 传感器,后者频响可达到 1 MHz。接触式测量方法主要为点测量技术,其主要问题是对流场存在干扰,使用时需特别小心。

非接触式测量方法主要指利用光学方法进行流动测试的技术,如 LDV、PIV、PLIF、红外热图、阴影、纹影等。借助光学方法,人们获得了很多清晰的流动图片,加深了对流动机制的认识。非接触式测量方法一般为空间面测量。目前,这类技术主要是努力提高其时空分辨率,并往三维体测量方向发展。

下文主要介绍平均/脉动热流测试技术、脉动压力测试技术及其改进与红外热图技术。

### 3.2.1    平均/脉动热流测试技术

铂薄膜电阻温度计是高超声速脉冲风洞中平均/脉动热流测量使用最为广泛和成熟的传感器。该类传感器由亚微米量级厚的铂金属膜和绝缘玻璃棒基座组成,如图 3.14 所示,传感器直径 2 mm,可根据不同试验要求制作 6~15 mm 的不同长度。铂薄膜电阻温度计具有灵敏度高(毫伏量级/摄氏度)、响应时间快(微秒量级)、尺寸小、结构简单等优点,但缺点是薄膜与流体直接接触,耐冲刷性差,需要根据实际情况更换。通过工艺改进,将薄膜由原来的"I"形改为"S"形,能够在有限的空间内增加铂薄膜的长度,从而提高其电阻值,以及增加传感器的耐冲刷性和附着力。实践表明,这一工艺改进,提升了热流测试能力,传感

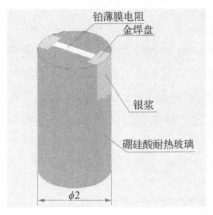

图 3.14　铂薄膜电阻温度计示意图和照片

器具有更好的稳定性和重复性精度。

铂薄膜电阻温度计测试原理如图 3.15 所示,通以恒定电流,测量其两端的电位差,经过测热放大器、热流模拟网络和数据采集器后,由计算机计算得到热流率。为了减少计算机后处理的时间,使用了热流模拟网络技术,但是由于电器元件本身的加工工艺,不可避免地引入了测量误差,因此,热流模拟网络技术仅在测量平均热流值时使用,当测量热流脉动值时则不加入热流模拟网络以提高测试精度。

图 3.15　测热系统原理框图

一般地,铂薄膜电阻温度计采用一维半无限体假设,在非定常传热情况下,其表面温度 $T(t)$ 与表面热流率 $q(t)$ 的关系[3]为

$$q(t) = \frac{\sqrt{k\rho c}}{\sqrt{\pi}} \left[ \frac{T(t)}{\sqrt{t}} + \frac{1}{2} \int_0^t \frac{T(t) - T(\tau)}{(t - \tau)^{3/2}} d\tau \right] \tag{3.5}$$

其中,$k$、$\rho$、$c$ 分别是热传导系数、基底材料的密度和比热。

热流率的基本计算公式为

$$q(t) = \frac{2\sqrt{k\rho C}}{\alpha E_0 \sqrt{RC}} [V_0(t) - V_1(t)] \tag{3.6}$$

其中,$\alpha$ 是热流传感器电阻温度系数;$E_0$ 是传感器两端的初始电压;$V_0(t)$ − $V_1(t)$ 是热电模拟网络第一个电阻上的输出电压;RC 是响应时间。

目前该测试技术配备的常规放大器型号为 DH-3840A 程控低噪声测热测压放大器,单台放大器照片如图 3.16 所示。放大器频响最高可达 300 kHz,增益档位包括 3、10、100、300、1 000 和 3 000 六个分档,增益准确度为 0.2%,增益稳定度 0.05%,失真度不大于 1%,共有 16 个通道。放大器配有恒流源和热电模拟网络,恒流源开启后 0~80 mA 连续可调,由 16 位 D/A 自动控制恒流输出至薄膜电阻温度计,使其两端电压达到并稳定在 1 V,其精度为 0.1%,稳定度为 0.05%。

图 3.16  单台 16 通道 DH-3840A 程控测热测压放大器

采集器型号为 WATCHER HC-1210,共计 16 个通道,最高采样频率为 50 kHz,采样精度为 12 bit。当测量平均热流时,采用 25 kHz 采样频率,1 kHz 低通滤波;当测量脉动热流时,采用 50 kHz 采样频率,不滤波。通过网线连接方式将多通道高速采集器采集的数据传输至计算机进行储存与后处理。

### 3.2.2  脉动压力测试技术

下文主要介绍 PCB 传感器和 Kulite 传感器技术。

PCB 传感器实物如图 3.17 所示,采用两线制接线原则,直径为 3.18 mm,长度为 7.6 mm,量程为 345 kPa,精度为 7 Pa。传感器的金属外壳包裹着放大器、敏感元件等电器元件。其中,敏感元件是压电晶体,上面覆盖一层环氧物。当晶体被压缩时,会产生一个电压,通过环氧层进入金属壳体。信号穿过金属壳和里面的电器元件离开传感器。需要指出的是,信号穿过传感器外壳可能会产生噪声。PCB132 传感器在频率 11 kHz 处设置高通滤波,其共振频率为 1 MHz。因此,这种传感器只能测量 11 kHz~1 MHz 的压力脉动,无法得到平均压力。

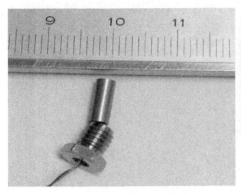

图 3.17　PCB 传感器实物照片

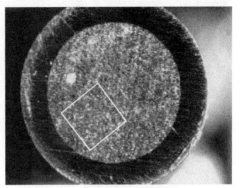

图 3.18　PCB 传感器敏感源照片，
方形区域为敏感源

　　PCB 132 传感器原本用来测量激波到达的时间,由于传感器的高频响应特性,现已逐步取代热线风速仪,用于测量高超声速流动中的高频脉动信号,尤其是第二模态不稳定波的探测。在第二模态扰动波的探测中主要存在两个问题:一是传感器的平坦响应频率为 $20\sim300$ kHz[4],即利用传统线性标定的方式标定传感器时,300 kHz 以上的压力信号受到传感器频率特性的影响会衰减,且越远离 300 kHz,衰减程度越大;二是传感器表面直径为 3.18 mm,但是,敏感源的区域仅为 0.762 mm×0.762 mm,如图 3.18 所示,且被一种导电的环氧材料覆盖,因此,使用时需要标定,即在不去除环氧材料的情况下确定传感器敏感源的精确位置,以提高对波长为毫米量级的扰动波的空间分辨率。

　　Kulite 传感器的实物照片如图 3.19 所示,直径为 2 mm,长度为 6 mm。该类传感器采用四线制接线原则,用硅膜片作为基本的敏感元件。膜片包含一个完整的四臂式惠斯通电桥,在膜片上方有一个保护屏,用来防止传感器损坏。保护屏一般分为两种: A 屏和 B 屏,如图 3.20 所示。A 屏有一个大的中心孔,它为膜片提供的保护较少,有较高的频响(平坦频率比 B 屏高 30%~40%)。B 屏沿膜片四周有 8 个小孔,其为膜片提供的保护较多,但频响有一定程度的降低。Kulite 传感器的频率响应与压力量程呈正比例关系。当

图 3.19　Kulite 传感器实物照片

频响增加时,量程会随之增加。在马赫数范围 6~8 时,静压量级一般为几百到几千帕,为了保证实验测量数据的精度,传感器的频率响应不应选择过高。本书相关实验选用 B 屏传感器,膜片固有频率为 240 kHz,量程为 0~1.7 bar。该传感器为绝压传感器,可以同时测得模型壁面的平均绝对压力和相对压力脉动。

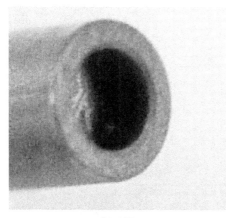

(a) A屏　　　　　　　　　　　　　　　　(b) B屏

图 3.20　Kulite 传感器的保护屏形状图

　　由于高超声速流动脉动压力信号频率很高,为此还需配套高频采集系统。系统包括总压信号触发、信号采集、信号调理、数据存储和信号屏蔽等功能。其

图 3.21　PCB 482C05 信号调理器实物图

中信号调理器是其重要组成部分,直接关系到信号采集。PCB 传感器使用的是一种型号为 482C05 信号调理器,如图 3.21 所示,用于压力传感器的电源激励和电压信号数模转化。该调理器采用恒流激励,恒定电流在 2~20 mA 可调,4 mA 是默认设置,当电缆较长或需要更大能量时采用 20 mA。调理器包含 4 通道 ICP 放大调理模块,输出范围为 ±10 V,频率响应高频大于 1 MHz。PCB 482C05 属于固定调增益放大器,无放大功能。

　　采集卡选用 National Instruments PXI-5922,以最大限度地捕捉高超声速流动中的高频脉动信号。该采集卡为双通道可变分辨率采集卡,可实现从 24 位 500 kHz 到 16 位 15 MHz 的采样频率需求。这一超强的灵活性和分辨率源于

Flex II ADC 技术,该技术运用了增强的多数位 delta-sigma 转换器和线性化技术。同时,可为所有采样频率提供集成化抗混叠保护,最大的板载内存为每通道 32 MB。在本书的试验系统中,选用了 4 块 PXI-5922 采集卡,可实现 8 通道的高频压力采集。

信号触发板卡选用 National Instruments PXI-6143,以精确采集风洞稳定段的试验信号。该卡具有 8 个采集通道和双 24 bit 时间计数器。每个通道的最大采样率为 250 kHz,分辨率为 16 bit,输入电压为±5 V。其中一个通道用于采集风洞的总压信号,并用于触发高频采集系统运行。剩余 7 个通道可用于 Kulite 压力传感器的压力采集或薄膜电阻温度计的热流采集。

信号采集机箱为 National Instruments PXI-1042,控制器为 National Instruments PXI-8115,可实现 8 通道、采样率 5 MHz 和采样时间 100 ms 的采集需求,从而满足高频压力试验要求。PXI-1042 系列机箱如图 3.22 所示,具有最新 PXI 规范的所有特性,包括内置 10 MHz 参考时钟、PXI 触发总线、星型触发和局部总线。另外,该机箱有 8 个插槽,除满足采集卡、触发卡和控制器外,还剩余 2 个插槽可用于后期扩展使用。PXI-8115 控制器如图 3.23 所示,是基于 2.5 GHz 双核 Intel Core i5-2510E 处理器的高性能嵌入式控制器,可用于 PXI 系统。它具有单通道 1 333 Hz DDR3 内存,非常适合用于处理器密集型模块化仪器和数据采集应用。

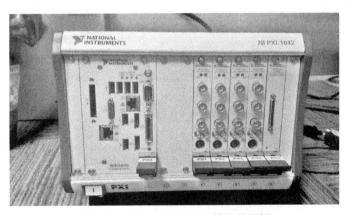

图 3.22　PXI-1042 系列机箱的前面板

### 3.2.3　扰动信号的信噪比与改进技术

不同于低速边界层,高超声速边界层内的脉动结构或不稳定波的频率更高,

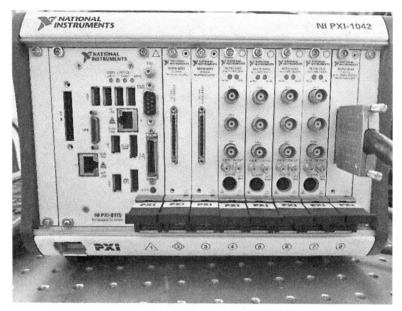

图 3.23    PXI-8115 控制器实物照片

最高可达 100~500 kHz,压力幅值更低,最低仅为 5~10 Pa 量级[5]。这些特点导致不稳定波极易湮没在风洞背景噪声和电磁噪声中。Schneider[6]曾指出,为了测量不稳定波,就需要使得其幅值足够大,并超越风洞背景噪声和电磁噪声。因此,在实验状态和传感器位置不发生变化(即可认为第二模态不稳定波幅值不变)时,采集系统信噪比(signal to noise ratio, SNR)的提高成为不容忽视的问题。

采集系统的信噪比是指采集系统在正常工作时采集到的信号强度与空采时采集到的噪声的比值。由此可以看出,信噪比的提高需要从两方面进行,即降低噪声干扰和减少信号衰减。

1. 降低噪声干扰

干扰噪声的种类很多,可能是电噪声,通过电场、磁场、电磁场或直接的电气连接耦合到敏感的电路中;也可能是机械性的,如通过压电效应、机械振动导致电噪声;甚至温度的随机波动也可能导致随机的热势噪声。

对高超声速流场中的不稳定波影响较大的噪声包括低频噪声、长波噪声及 1 MHz 以内的射频噪声。低频噪声是指 30 kHz 以下的辐射干扰,主要来自雷电、工频电源的谐波及大功率电气设备开关时造成的浪涌等;长波噪声频率范围是 10~300 kHz,包括交流输电谐波干扰及交流电路的高次谐波干扰等;射频噪声的频率范围是 300 kHz~300 MHz。外部干扰源产生的噪声影响采集系统的正常工作,是经由某种传播途径被耦合到了采集系统之中。因此,抑制这些干扰噪声一般有 3 种手段:① 消除或削弱干扰源;② 设法使采集系统对干扰噪声不敏感;③ 使噪声传输通道的耦合作用最小化。结合采集设备、风洞本身及风洞周围的情况,本节在以下几个方面进行降噪处理。

1) 工频电源的谐波干扰

工频电网上连接着很多其他电气设备,某些高频设备会使交流电源线上叠加一些高频噪声;某些大功率开关器件会使交流电源线上产生尖峰噪声,这些噪声的宽度很窄,但幅度很高,其高次谐波丰富且频繁出现;工频电源线还是各种射频干扰的接收天线,接收各种无线广播和无线通信的射频信号。上述干扰均会通过供电电源影响微弱信号的采集电路。因此,电源噪声是对不稳定波影响的最大的噪声来源之一。在本书研究中,选用了一台与工频电网断开的不间断电源( uninterrupted power supply, UPS)为采集系统供电,使采集系统彻底与工频电网物理隔离,如图 3.24 所示。

图 3.24　不间断电源实物照片

2) 电磁屏蔽

屏蔽可控制电场(或磁场)从空间的一个区域到另一个区域的传播,这是克服电场耦合、磁场耦合和电磁辐射耦合干扰的最有效手段。本次实验的屏蔽措施主要从两个方面展开:① 屏蔽噪声源,通过用屏蔽材料把干扰源包裹以减弱干扰场的强度;② 屏蔽需要抑制噪声的传导电缆,通过用屏蔽材料把传导电缆包裹以减弱电缆附近的场强。

FD-07 风洞的攻角机构控制柜的主要动力源是一台伺服电机。该电机不仅可以产生 200 kHz 以下的电磁噪声,还会通过电磁耦合的形式将 200 kHz 以上的电磁噪声幅值放大,如图 3.25 所示。从图中可以看出,开启攻角机构控制柜时,电磁噪声的能量至少增加一个量级,最高时可增加 3~4 个量级。高超声速稳定性实验关注的频段恰恰在 150~500 kHz,故需对该电机采取屏蔽措施。经过多种尝试发现,利用屏蔽材料包裹屏蔽,其效果并不理想。因此,在本书实验过程中,当模型到达预定的攻角或被投放到预定位置后,会手动关闭攻角机构控制

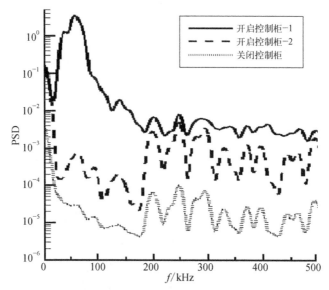

图 3.25　FD-07 风洞控制柜开启和关闭时电磁噪声的能谱密度

柜,以尽可能消除该控制柜对实验的影响。

除攻角机构控制柜外,其他干扰源均是未知的,因此需对传导电缆进行屏蔽。经过多次对比实验,最终选用了同轴电缆屏蔽线(型号为 75-5-2)作为整个采集系统的传导电缆,如图 3.26 所示。在模型内部,需用铜箔胶带将传感器的

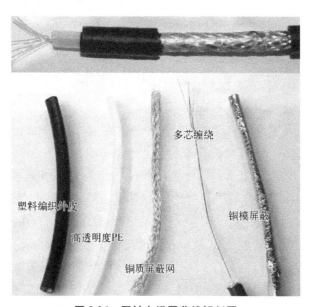

图 3.26　同轴电缆屏蔽线解剖图

引出线贴在模型内壁上,做第一层屏蔽;在引出线与模型出口的连接处,用铜箔胶带填补,保证模型是一个理论上的电磁屏蔽空间。

3) 接地

接地回路噪声,是压电传感器接入二次测量线路或仪表而构成测试系统后,由于不同点位处的多点接地,形成了接地回路和回路电流所致。克服的根本途径是消除接地回路。本书的高频采集系统关注的频率在 1 MHz 以下,故选择屏蔽层在信号调理器单端接地,避免多点接地或浮地。

4) 其他措施

电缆噪声是同轴电缆在振动或弯曲变形时,电缆屏蔽层、绝缘层和芯线间将引起局部相对滑移摩擦和分离,而在分离层之间产生的静电感应电荷干扰,它将混入主信号中被放大。减小电缆噪声的方法是在实验过程中固定传感器的引出电缆,防止风洞振动引入噪声。

2. 减少信号衰减

除了降低噪声外,提高采集系统信噪比的另一种途径就是提高目标信号的幅值。当信号幅值恒定时,需考虑尽可能地减小信号在传输过程中的衰减或畸变。本书主要从两个方面考虑。

1) 集肤效应

集肤效应,又称趋肤效应,指电流或电压以频率较高的电子在导体中传导时,会聚集于总导体表层,而非平均分布于整个导体的截面积中。因为当导线流过交变电流时,根据楞次定律可知会在导线内部产生涡流,与导线中心电流方向相反。由于导线中心较导线表面的磁链大,在导线中心处产生的电动势就比在导线表面附近处产生的电动势大。这样作用的结果是,电流在表面流动,中心则无电流。

在高频电路中可以采用空心导线代替实心导线,例如,频率为 1 MHz 时,集肤效应在 60 μm 厚层面。但是,考虑实际情况的可行性,同时为了削弱集肤效应,在高频电路中也往往使用多股导线编织成束来代替同样截面积的粗导线。基于此,本高频采集系统的信号传输电缆,全部采用了多芯缠绕的同轴电缆,如图 3.26 所示,以尽可能降低集肤效应导致的高频信号衰减,提高信号传输效率。

2) 电缆驱动限制

长电缆传输会影响传感器频率响应特性。PCB 压力传感器作为 ICP (integrated circuit piezoelectric) 传感器不会因长电缆而增加噪声,但是在线驱动电流不够会造成信号畸变。也就是说,电缆中的电容性负载会对高频信号起到滤波作用。一般采集信号在 10 kHz 以下时,无须考虑该问题。然而本书高频采集系统的工作范围在 0~1 000 kHz,甚至更高,因此需尽可能消除驱动电流和电缆长度对频率响应的影响。

在给定电缆长度时,最大传输频率 $F_{max}$ 是电缆电容和峰值信号电压对信号调节器电流比的函数:

$$F_{max} = \frac{10^9}{2\pi CV/(I_c - 1)} \tag{3.7}$$

其中,$C$ 为电缆电容(pF);$V$ 为传感器输出的最大电压值(V),由传感器的灵敏度决定;$I_c$ 为恒流激励的电流值(mA)。由此可以看出,当电缆长度和传感器型号固定时,为了提高传感器的频率响应,需要尽可能地增加激励电流值。

按照本书高频采集系统的参数可知,电缆长度 $L = 10\ m$,$C \approx 50\ pF$,传感器灵敏度约为 20 mV/kPa,马赫数 6~8 条件下的静压一般不高于 5 kPa,$I_c = 4\ mA$,则可计算得到 $F_{max} \approx 10\ MHz$。该最大频率远大于高超声速流场中的不稳定波(100~500 kHz),因此,电缆传输对频率的影响可不考虑。

3. 高频采集系统测试

利用上述方法对高频采集系统进行优化改进,提高高频采集系统的信噪比,并在 FD-07 和 FD-20 两座风洞开展系统测试验证。将 PCB 压力传感器安装在简易模型上,如图 3.27 所示,传感器与高频采集系统连接。将安装有 PCB 传感器的简易模型置于风洞试验段底部,采集风洞运行过程中的电磁噪声。利用 Welch 方法计算改进前后测量结果的能谱密度曲线,如图 3.28 所示。图中可以看出,改进后的电磁噪声大幅降低,最高时可降低 4 个数量级。

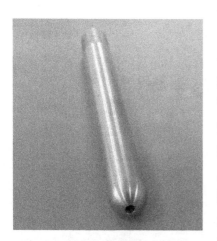

**图 3.27**   钢制简易模型照片,头部安装孔用于安装 PCB 传感器

### 3.2.4   红外热图技术

任何物体只要处于绝对零度以上,都在连续不断地向外辐射能量,由于物体与环境之间温度不同或温度相同而发射率不同,它们各自辐射的能量存在差异。红外热图就是利用这种差异产生的热对比度进行成像的,由红外热像仪探测到

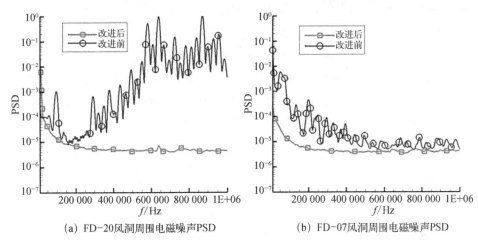

(a) FD-20风洞周围电磁噪声PSD　　　　(b) FD-07风洞周围电磁噪声PSD

图 3.28　采集系统改进对比图(风洞环境电磁噪声信号对数据测量的影响)

的模型辐射能可推知模型表面的温度。

红外热图技术是针对温度场的非接触测量技术,测温精度高,可达 0.05℃,形象直观,数据处理周期短,风洞试验结束后可以马上得到模型表面的温度分布与热流分布,不需要在模型表面喷涂示温涂料,测量的温度范围宽(−20~2 000℃,还可进一步扩展),可在多种类型风洞上使用,并且应用领域广泛,可用于流场显示、边界层转捩位置的确定、分离流判定及气动热测量等,现已成为风洞气动热测量的主要手段之一。

典型的红外热图系统主要由红外热像仪、控制计算机、红外窗口等组成(图3.29)。试验模型表面的红外辐射,依次通过风洞试验段外部或内部气体、红外

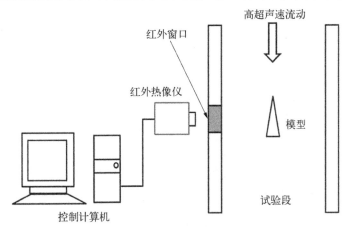

图 3.29　红外热图测试系统

窗口、红外镜头,聚焦在红外热像仪内的探测器上,探测器产生一个与红外辐射能量成正比的电信号。

本书中采用的红外热像仪是一种制冷型 MCT 探测器,光谱范围为 3.7～4.8 μm,热灵敏度<25 mK,测温精度为±1℃,像素 640×512,测温范围−10～1 200℃,镜头焦距 25 mm,帧频最高达 120。模型表面发射率、红外窗口透射率和模型材料的热物性参数均由具有检验资质的研究机构测量获得。

## 3.3  信号分析方法

高超声速风洞试验常会受到风洞恶劣环境的影响,如高温、高压、高背景噪声、电源干扰等。因此,很多在低速风洞中广泛应用的实验技术,在高超声速风洞中应用却非常困难。为了实现高超声速流动现象和机制的高精度研究,需要使用一些数据后处理方法,对实验数据开展深度挖掘。本节主要介绍在实验数据提取和分析中我们用到的几种数据处理方法与理论,详见文献[7]。

### 3.3.1  奇异值分解

奇异值分解是线性矩阵理论中一种非常有效的信号处理工具。通过对时间序列信号的相空间轨道矩阵进行奇异值分解,可对含有多源噪声的实验信号实现特征信息分离和弱信号提取[8]。但该方法需要对采集信号建立合理的重构相空间,否则会引入噪声。

**相空间重构:** 对一维时间序列信号 $f(t)$ ($t=1, 2, \cdots, n$)进行相空间重构,将信号 $f(t)$ 映射到 $m \times n$ 维相空间内,得到重构相空间轨道矩阵 $D_m$。

$$D_m = \begin{bmatrix} x(1) & x(1+\tau) & \cdots & x(1+(m-1)\tau) \\ x(2) & x(2+\tau) & \cdots & x(2+(m-1)\tau) \\ \vdots & \vdots & & \vdots \\ x(L) & x(L+\tau) & \cdots & x(L+(m-1)\tau) \end{bmatrix} \tag{3.8}$$

其中,$m$ 为嵌入维数;$\tau$ 为时间延迟,满足 $L+(m-1)\tau=n$。

$D_m$ 表征了重构吸引子在相空间的演化特性,可表示成

$$D_m = D_1 + D_2 + D_3 + \cdots \tag{3.9}$$

其中,某一个 $D_i$ 为第二模态不稳定波的轨道矩阵;其余为其他不稳定波和噪声的轨道矩阵。

**奇异值分解**:对 $D_m$ 进行奇异值分解,可以得到 $D_m = U\Lambda V^H$。将其改写成 Hankel 矩阵和表达的形式:

$$D_m = \lambda_1 u_1 v_1^T + \lambda_2 u_2 v_2^T + \cdots + \lambda_q u_q v_q^T \tag{3.10}$$

其中,$u_i \in \mathbf{R}^{m \times 1}$;$v_i \in \mathbf{R}^{n \times 1}$;$D_i = \lambda_i u_i v_i^T$,则 $D_i \in \mathbf{R}^{m \times n}$。

**分量信号重构**:从 Hankel 矩阵的结构特点可知,只要将 $D_i$ 的第一个行向量和其余行的最后 $\tau$ 个数据组成的向量首尾相接,就可以构成一个分量信号 $P_i$。

所有分量信号 $P_i$ 线性叠加的结果就是原始信号,即

$$P_1 + P_2 + \cdots + P_q = f(t) \tag{3.11}$$

其中,某一个 $P_i$ 为第二模态不稳定波的时间序列信号;其余 $P_i$ 为其他不稳定波或噪声。

### 3.3.2　经验模态分解

在信号处理中,常规的傅里叶变换只能分别给出信号的时域特征或频域特征,无法同时兼顾信号在时域和频域的全貌和局部化特征[9]。短时傅里叶变换能对信号进行时频分析,但其分辨率依赖于窗口大小(窗口大小固定不变),无法保证时频分析的局部化性质[10]。对于非线性和非平稳信号,人们较关注某一事件(频率)何时出现,强度如何,何时结束等局部特性。

Huang 等[11,12]提出了一种经验模态分解方法(empirical mode decomposition, EMD),其在很多方面的应用效果都优于其他的信号处理方法。EMD 方法是基于信号的局部特征的信号分解方法,能把复杂的信号分解为有限的本征模态函数(intrinsic mode function, IMF)之和,每一个 IMF 所包含的频率成分不仅与采样频率有关而且最重要的是随信号变化而变化,因此 EMD 方法是自适应的信号处理方法,不依赖阈值或母函数的选取,非常适合处理非线性和非平稳过程。该方法弥补了奇异值分解在频域上的缺陷,可对奇异值分解中相空间重构引入的高频噪声进行剔除。

**定义**:假设任何信号都由不同的本征模态函数(IMF)组成。每个 IMF 可以是线性的,也可是非线性的。这些 IMF 满足如下两个条件:① 在整个数据序列中,极值点的数目与过零点的数目必须相等或相差不能多于一个;② 局部极大

值点形成的包络和局部极小值点形成的包络的平均值为零。

**EMD 分解**：具体方法由一个"筛选"过程组成。

（1）确定信号 $x(t)$ 的所有局部极值点，将所有极值点用三次样条函数拟合出原始数据序列的上包络线和下包络线。

（2）求上下包络线的均值 $m_1(t)$，则

$$h_1(t) = x(t) - m_1(t) \tag{3.12}$$

（3）$h_1(t)$ 一般不满足 IMF 分量序列的两个条件，因此需要重复进行上述处理过程 $k$ 次，直到 $h_1(t)$ 符合 IMF 的定义要求，所得到的均值趋于零为止，这样就得到了第 1 个 IMF 分量 $c_1(t)$，它代表信号 $x(t)$ 的最高频率（最小尺度）分量。

（4）用 $x(t)$ 减去 $c_1(t)$ 得到一个去掉高频分量的差值 $r_1(t)$，即

$$x(t) - c_1(t) = r_1(t) \tag{3.13}$$

将 $r_1(t)$ 看成原信号，重复（1）～（3）步骤可得到 $c_1(t)$，$c_2(t)$，$\cdots$，$c_n(t)$。

当 $c_n(t)$ 或 $r_n(t)$ 满足给定的终止条件，通常使 $r_n(t)$ 成为一个单调函数时，循环结束。此时，可得

$$x(t) = \sum_{i=1}^{n} c_i(t) + r_n(t) \tag{3.14}$$

其中，$r_n(t)$ 为残余函数，表示信号的平均趋势；IMF 分量 $c_1(t)$，$c_2(t)$，$\cdots$，$c_n(t)$ 分别包含了信号从高到低不同频率段的成分，每一频率段包含的成分都不同且随信号变化而变化。

### 3.3.3　小波变换

小波变换是一种信号的时间-尺度（时间-频率）分析方法，具有多分辨率分析的特点，而且在时频两域都具有表征信号局部特征的能力。在低频部分具有较高的频率分辨率和较低的时间分辨率，在高频部分具有较高的时间分辨率和较低的频率分辨率，很适合用于分析正常信号中夹带的瞬态反常现象并展示其成分。

将小波母函数 $W(t)$ 进行伸缩和平移，就可以得到函数 $W_{ab}(t)$：

$$W_{ab}(t) = \frac{1}{\sqrt{a}} W\left(\frac{t-b}{a}\right) \quad a, b \in \mathbf{R}; \ a > 0 \tag{3.15}$$

其中,$a$ 为伸缩因子;$b$ 为平移因子。$W_{ab}(t)$ 称为依赖于参数 $a$、$b$ 的小波基函数。

一维的时间序列信号 $u(t)$ 相对于小波函数 $W_{ab}(t)$ 的小波分析定义为

$$W_u(a, b) = \int_\infty^\infty u(t)\ \overline{W_{ab}(t)}\,\mathrm{d}t \qquad (3.16)$$

下面对伸缩和平移的含义分别进行说明。

(1) 尺度伸缩(scaling),对波形的尺度伸缩就是在时间轴上对信号压缩。在不同尺度下,小波的持续时间随 $a$ 加大而增宽,幅度则以 $\sqrt{a}$ 为反比减小,但波的形状不变。小波基函数的窗口随尺度因子的不同而伸缩,当 $a$ 逐渐增长时,基函数 $W_{ab}(t)$ 的时间窗口也逐渐变大,而其对应的频域窗口相应减小,中心频率逐渐变低。相反,当 $a$ 逐渐减小时,基函数 $W_{ab}(t)$ 的时间窗口逐渐减小,而其频域窗口相应增大,中心频率逐渐升高。

(2) 时间平移(shifting)就是指小波函数在时间轴上的波形平行移动。

在本书中墨西哥帽(Mexican hat)函数作为小波基函数,其函数表达式为

$$W(t) = \frac{2}{\sqrt{3}} \pi^{-1/4} (1 - x^2) \mathrm{e}^{-x^2/2} \qquad (3.17)$$

式(3.17)是 Gauss 函数的二阶导数,因为它像墨西哥帽的截面,所以被称为墨西哥帽函数(图 3.30)。墨西哥帽函数在时域与频域都有很好的局部化,并且满足:

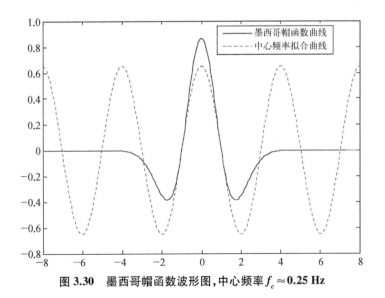

图 3.30　墨西哥帽函数波形图,中心频率 $f_c \approx 0.25$ Hz

$$\int_{-\infty}^{\infty} W(t)\, \mathrm{d}t = 0 \tag{3.18}$$

在连续小波变换中,分解尺度 $a$ 和信号的频率 $f$ 的关系为

$$f = \frac{f_c f_s}{a} \tag{3.19}$$

其中,$f$ 为尺度 $a$ 所对应的频率值;$f_c$ 为小波母函数的中心频率值;$f_s$ 为信号的采样频率,对于墨西哥帽函数,$f_c \approx 0.25\ \mathrm{Hz}$。

### 3.3.4 互双谱分析

在激波/边界层干扰的分离区内,边界层内扰动、分离泡扰动、激波运动等不同频率(尺度)的脉动结构同时存在,其间可能会发生相互作用,并衍生出更高频的脉动结构。为了分析这种多种脉动结构之间的非线性作用,本书采用了互双谱分析方法。该方法的原理简述如下。

当一个时间序列信号中存在两种或以上频率的特征信号时,两个特征信号可能会相互作用,并产生第三种频率的信号。假设两种特征信号的频率分别为 $f_1$ 和 $f_2$。当 $f_1$ 和 $f_2$ 的方向相同时,两个特征信号会发生和频作用(sum interaction),产生频率为 $f_3 (= f_1 + f_2)$ 的特征信号;当 $f_1$ 和 $f_2$ 的方向相反时,两个特征信号会发生差频作用(difference interaction),产生频率为 $f_3 (= f_1 - f_2)$ 的特征信号。信号中不同频率的这种非线性耦合作用,可以利用互双谱方法反映出来,其基本定义[12]为

$$C_b = \int_T W(a, t) W(a_1, t) W(a_2, t)\, \mathrm{d}t \tag{3.20}$$

其中,$1/a = 1/a_1 + 1/a_2$;由于尺度 $a$ 与频率 $f$ 存在倒数关系,则 $f = f_1 + f_2$;$W(a, t)$、$W(a_1, t)$ 和 $W(a_2, t)$ 分别表示时间序列信号中不同尺度对应的小波系数。因此,式(2.20)可写成频率的形式:

$$C_b = \int_T W(f, t) W(f_1, t) W(f_2, t)\, \mathrm{d}t \tag{3.21}$$

对式(3.21)进行归一化处理,得到相关系数称为互相干(cross-bicoherence)系数:

$$C_{\mathrm{bio}} = \frac{C_b}{\sqrt{\int_T |W(f, t)|^2 \mathrm{d}t}\ \sqrt{\int_T |W(f_1, t) W(f_2, t)|^2 \mathrm{d}t}} \tag{3.22}$$

如果频率为 $f$、$f_1$ 和 $f_2$ 的特征信号相互间是独立的,那么互相干系数的值近似为 0;若互相干系数的值较高(一般认为大于 0.5),则说明这三个信号的耦合程度较高;若 $f_1$ 和 $f_2$ 完美耦合,其互相干系数的值会是 1,但这仅仅是理想的情况。因此,互相干系数值在 0 到 1 之间。

在数据处理过程中,为了减小计算量,设定 $f_2$ 为正值,且频率 $f_2$ 大于频率 $f_1$ 的绝对值,此时若 $f_1$ 为正,则发生和频作用,若 $f_1$ 为负,则发生差频作用。计算得到的互相干算法求得的和频作用区和差频作用区的示意图,如图 3.31 所示。和频作用区是由 $(0, 0)$、$(f_N, 0)$ 和 $(f_N/2, f_N/2)$三个端点组成的三角形区域,这里的 $f_N$ 为本次实验数据可识别的最大频率;差频作用区是由 $(0, 0)$、$(f_N, 0)$ 和 $(f_N, -f_N)$ 三个端点组成的三角形区域。在图中,三个频率 $f_q$、$f_r$ 和 $f_{sum}$ 在和频作用 $(f_q, f_r) \rightarrow f_{sum}$ 下产生了峰值点 S;三个频率 $f_b$、$-f_c$ 和 $f_{difference}$ 在差频作用 $(f_b, -f_c) \rightarrow f_{difference}$ 下产生了峰值点 D。

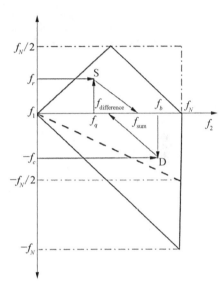

**图 3.31　互相干算法求得的和频作用区与差频作用区的示意图**

## 参考文献

[ 1 ] Casper K M, Wheaton B M, Johnson H B, et al. Effect of freestream noise on roughness-induced transition at Mach 6[R]. AIAA 2008-4291, 2008.

[ 2 ] Schneider S P. Flight data for boundary-layer transition at hypersonic and supersonic speeds [J].Journal of Spacecraft and Rockets, 1999,36(1): 1-13.

[ 3 ] 俞鸿儒,李仲发.热电模拟在表面热流测量中的应用[J].力学与实践,1980,(1): 49-51.

[ 4 ] Beresh S J, Henfling J F, Spillers R W, et al. Pressure power spectra beneath a supersonic turbulent boundary layer[R]. AIAA Paper 2010-4274, 2010.

[ 5 ] Berridge D C. Measurements of second-mode instability waves in hypersonic boundary layers with a high-frequency pressure transducer[D]. West Lafayette: Purdue University, 2010.

[ 6 ] Schneider S P. Developing mechanism-based methods for estimating hypersonic boundary-layer transition in flight: the role of quiet tunnels[R]. AIAA Paper 2013-2608, 2013.

[ 7 ] 解少飞.高超声速激波转捩边界层干扰的现象机理与效应研究[D].北京: 中国航天空气动力技术研究院,2015.

[ 8 ] 何庆飞,姚春江,陈桂明,等.基于奇异值分解和小波分析的液压泵振动信号特征提取方

　　　法[J].数据采集与处理,2012,27(2): 121-127.

[ 9 ] 赵松年,熊小芸.子波分析与子波变换[M].北京: 电子工业出版社,1996.

[10] 张贤达,保铮.非平稳信号分析与处理[M].北京: 国防工业出版社,1998.

[11] Huang N E, Shen Z, Long S R, et al. The empirical mode decomposition and the Hilbert spectrum for nonlinear and non-stationary time series analysis[J]. Proceedings of the Royal Society of London, Series A, 1998, 454: 903-995.

[12] Huang N E, Shen Z, Long S R. A new view of non-linear water waves: the Hilbert spectrum [J]. Annunal Review of Fluid Mechanics, 1999, 31(1): 417-457.

# 第 4 章

-------------------------------------------------

# 高超声速平板边界层

边界层是湍流研究领域的一类基本问题,平板边界层则是其中最经典的问题。本章主要以平板边界层为对象介绍一些高超声速边界层流动的基本概念和特征,包括线性稳定性分析结果、第二模态扰动的试验测量、T-S 扰动波与外部扰动波的相互作用,以及高超声速边界层内特殊的小激波结构。

## 4.1 流动稳定性基本概念

首先回顾 T-S 扰动波、Mack 模态、中性曲线、不稳定扰动等流动稳定性基本概念,更详细的内容可参阅文献[1]。

### 4.1.1 T-S 扰动波

T-S 扰动波中的"T"代表 Tollmien,他于 20 世纪 20 年代末第一次提出了稳定性控制方程——O-S 方程的渐近匹配法和公式,可用于计算较大雷诺数流动的稳定性特征。T-S 扰动波中的"S"代表 Schlichting、Schubauer 和 Skramstad。Schlichting 最早完成 O-S 方程的渐近匹配求解,第一次计算获得了中性曲线,解释了最一般边界层流动——Blasius 型边界层在无穷大雷诺数时稳定,而在有限大雷诺数时不稳定的现象,第一次从真正意义上揭示了黏性所具有的不稳定效应。Schubauer 和 Skramstad 则在 1947 年开展了经典的平板边界层实验,第一次验证了 Tollmien 的理论。在这些工作之后,人们才真正接受这一观念,即层流通过失稳形成了湍流,至此,真正发展形成了关于层流稳定性的精细理论,即线性稳定性理论。为纪念他们的工作,人们把其提出和发现的扰动波命名为 T-S 扰动波。T-S 扰动波数学上可写为如下形式:

$$f' = a\hat{f}\exp\left[\mathrm{i}(\alpha x + \beta z - \omega t + \varphi)\right] \tag{4.1}$$

其中,扰动特征函数 $\hat{f} = (\hat{u},\ \hat{v},\ \hat{w},\ \hat{T},\ \hat{p})$;$a$ 为振幅;$\alpha$ 为流向波数;$\beta$ 为展向波数;$\omega$ 为频率;$\varphi$ 为相位。对于时间模式,$\alpha$ 为实数,$\omega$ 为复数,即 $\omega = \omega_r + \mathrm{i}\omega_i$;对于空间模式,$\omega$ 为实数,$\alpha$ 为复数,即 $\alpha = \alpha_r + \mathrm{i}\alpha_i$。

狭义 T-S 波专指低速边界层中的流向行波,而广义 T-S 波泛指可以表述为式(4.1)的流向行波。它在低速时通常发展为旋涡,因此也常被称为“涡模态”扰动;超声速或者高超声速时,还包括下面介绍的 Mack 模态。本书采用广义的称呼。

### 4.1.2    Mack 模态

Mack 模态是流动达到超/高超声速后出现的一类新的扰动模态。1969 年,Mack[2]分析了无黏、绝热可压缩平板边界层,发现当来流马赫数大于 2.2 时,流动中同时存在具有不同波数和相速度的多种不稳定扰动波。Mack 根据波数由低到高将这些扰动波分别称为扰动第一模态、第二模态等。其中第一模态对应低速情形的 T-S 扰动波,而第二模态及以上模态由于相速度大于声速,具有声辐射特征,因而常称为“声模态”或直接称为“Mack 模态”。

### 4.1.3    中性曲线

中性曲线是指扰动增长率为零的曲线。对于时间模式,参数平面为扰动波数 $\alpha$ 和雷诺数 $Re$;对于空间模式,参数平面为扰动频率 $\omega$ 和雷诺数 $Re$。中性曲线将参数平面分为稳定区和不稳定区。图 4.1 为马赫数 6、来流雷诺数 $1.0 \times 10^7\ \mathrm{m}^{-1}$ 的平板边界层中性曲线。相比于低速边界层流动的中性曲线,它有两个主要特点:一是除第一模态扰动中性曲线外,还存在高阶扰动模态中性曲线;二是中性曲线相对狭长,不如低速边界层流动饱满,表明给定雷诺数下不稳定扰动区域变小,换言之,可压缩性使流动变得更稳定。

### 4.1.4    不稳定扰动

不稳定扰动是指幅值能够增长放大的扰动。在线性稳定性理论中,扰动是否稳定是相对于给定基本流而言的。给定空间站位的基本流,线性稳定性理论可以给出哪些扰动是稳定的,哪些扰动是不稳定的。对于时间模式,参数平面为扰动增长率 $\omega_i$ 和扰动波数 $\alpha_r$,对应的,$\omega_i > 0$ 的扰动为不稳定扰动;对于空间

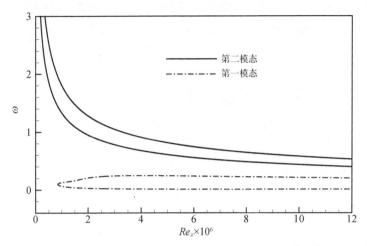

图 4.1  平板边界层中性曲线($Ma=6$, $Re=1.0\times10^7\ \mathrm{m^{-1}}$)

模式,参数平面为扰动增长率 $-\alpha_i$ 和扰动频率 $\omega_r$,对应的, $-\alpha_i>0$ 的扰动为不稳定扰动。图 4.2 为马赫数 6、来流雷诺数 $1.0\times10^7\ \mathrm{m^{-1}}$ 的平板边界层扰动增长率-频率曲线。增长率最大的扰动称为最不稳定扰动。可以看到,高超声速条件下,最不稳定扰动为第二模态扰动。

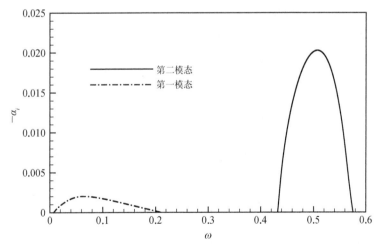

图 4.2  平板边界层扰动增长率频率曲线($Ma=6$, $Re=1.0\times10^7\ \mathrm{m^{-1}}$)

研究表明,在边界层第一模态和所有 Mack 模态中,当来流马赫数超过 4 之后,第二模态扰动就变为最不稳定扰动波,2006 年,Shen 和 Ji[3] 分析了等温壁面的高超声速平板边界层,给出了马赫数 4、5、6 和 7 时的最不稳定波,结果表明,最不稳定波均为第二模态扰动,但是,在边界层外缘马赫数小于 7 时,第一模态扰动仍对转捩有重要影响,重要程度与壁面冷却程度等因素有关。

## 4.2 Mack 模态扰动波测试试验

Mack 模态扰动对高超声速边界层转捩具有重要影响,受到了广泛关注。它的最大特点是频率很高,NASA 兰利中心在马赫数 6 静风洞中对带尾裙尖锥开展了试验测量[4,5],主导的第二模态扰动频率测量值约 226 kHz,与分析结果230 kHz 非常接近,这些扰动还存在具有非线性行为的谐波分量,谐波峰值频率为 449 kHz 和 670 kHz。我们开展了高超声速平板边界层 Mack 模态的测量,现以此为例介绍此类扰动的测试、采集和分析过程。

试验设备为 FD-07 常规高超声速风洞,试验马赫数为 6,来流雷诺数为 $1.0 \times 10^7$ m$^{-1}$ 和 $1.8 \times 10^7$ m$^{-1}$。采用平板模型,PCB 压力传感器安装在距离平板前缘160 mm 处。PCB 压力传感器的最高频率响应为 1 MHz,采集器的采样频率5 MHz,采样时间为 200 ms。

### 4.2.1 扰动模态识别

采用前面介绍的 PCB 技术测量得到压力脉动信号,在信号分析之前,对信号进行预处理,主要目的是消除采集设备零点漂移等问题带来的趋势效应,使数据信号成为平稳的时间序列。平稳信号是指分布参数或分布律不随时间变化的信号,即信号均值与采样时间无关。具体做法是,对信号进行滤波,得到随时间变化的趋势信号 $s_1(t)$,然后用原始信号 $s(t)$ 减掉趋势信号 $s_1(t)$,得到压力脉动信号 $f(t)$。

接着利用 Welch 方法计算压力脉动信号的能谱密度(PSD),结果如图 4.3所示。可以看到,在一些频率上存在局部能谱密度峰值,这些点对应了不同扰动模态。当与线性稳定性分析结果进行对照之后可识别出这些扰动模态的类型。例如,线性稳定性理论指出,在来流雷诺数为 $1.0 \times 10^7$ m$^{-1}$ 时,第二模态最不稳定扰动波频率为 150 kHz,试验信号中 140 kHz 附近的峰值与之对应,因此认为它们属于第二模态扰动。

同样,可以利用连续小波变换计算压力脉动信号的频率特征随时间的变化,来流雷诺数为 $1.0 \times 10^7$ m$^{-1}$ 的结果如图 4.4 所示。可以看到,150 kHz 附近的扰动

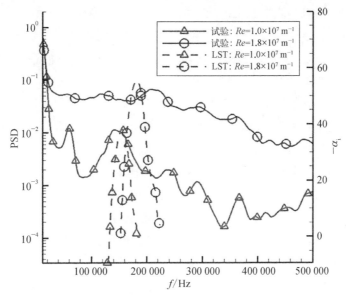

图 4.3　压力脉动信号的功率谱密度（平板边界层, $Ma=6$）

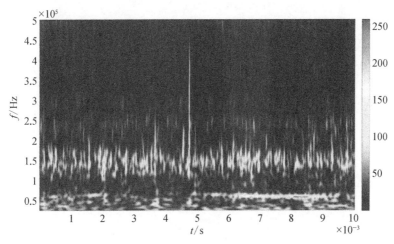

图 4.4　压力脉动信号的小波分析结果（平板边界层, $Ma=6$,
　　　　 $Re=1.0\times10^{7}$ m$^{-1}$, 后附彩图）

波一直存在且能量最高。

### 4.2.2　扰动模态确认

仅仅依靠带通滤波来提取第二模态不稳定波是不够的。首先,压力脉动信号的功率谱密度曲线上存在多个窄带峰值,其信息比线性稳定性分析结果更丰富;其次,试验结果与线性稳定性分析结果并不能完全对应;最后,试验信号中包含了噪声及不稳定波非线性作用产生的扰动信号。此时可利用奇异值分解和经验模态分解方法进行信号处理,更精确地提取感兴趣的扰动模态,观察其特征。仍以来流雷诺数 $1.0 \times 10^7 \ \mathrm{m}^{-1}$ 的平板边界层为例。

利用奇异值分解方法求出压力脉动信号的分量信号 $P_i$(图 4.5)。计算所有分量信号 $P_i$ 的能谱密度分布,根据线性稳定性分析结果,在频率 150 kHz 左右出现频率峰值的分量信号被认为可能包含第二模态不稳定波的分量信号。在分量信号 $P_1$ 中,存在 77 kHz 和 172 kHz 两个频率峰值,这可能是边界层内的其他不稳定波信号;在分量信号 $P_2$ 中,频率峰值出现在 1 MHz 以上,由于 PCB132 传感器的频响为 1 MHz,因此这些信号均为噪声;在分量信号 $P_3$ 中,1 MHz 以下的频率峰值出现在 628 kHz 左右,它对应于风洞周围的电磁噪声;在分量信号 $P_4$ 中,

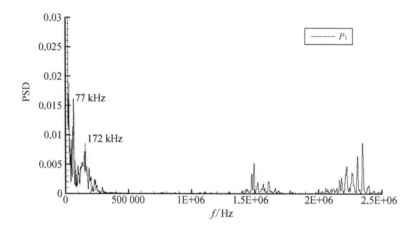

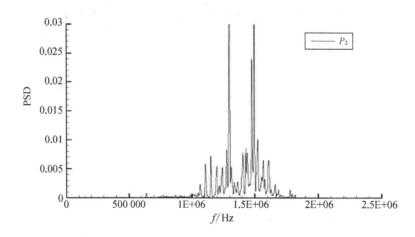

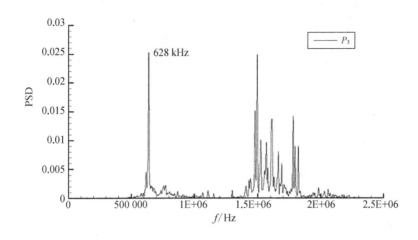

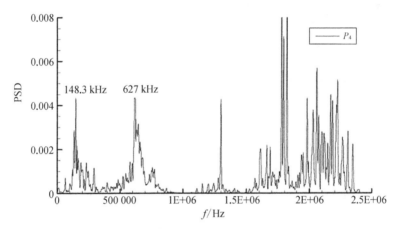

**图 4.5** 脉动压力信号奇异值分解分量信号 $P_1 \sim P_4$ 的功率谱密度
（平板边界层，$Ma = 6$，$Re = 1.0 \times 10^7 \ \mathrm{m}^{-1}$）

出现了两个峰值信号，分别为 148.3 kHz 和 627 kHz。频率 148.3 kHz 非常接近图 4.3 中的频率峰值，这说明第二模态不稳定波包含在分量信号 $P_4$ 中，而 627 kHz 和更高频率的信号可能是重构相空间不合理引入的噪声。下面进一步利用经验模态分解方法来消除这些噪声。

利用经验模态分解方法将分量信号 $P_4$ 分解为 16 个 IMF 分量，然后计算每个 IMF 的能谱密度，结果如图 4.6 所示，可以看到，第 7 个 IMF 的峰值频率 (146.90 kHz) 与第二模态不稳定波的频率相吻合，这说明，$\mathrm{IMF}_7$ 是第二模态不稳定波的时间序列信息。计算第二模态不稳定波的压力脉动均方根值为 7.95 Pa，这与 Berridge 等[6]实验得到的 5~10 Pa 相吻合。

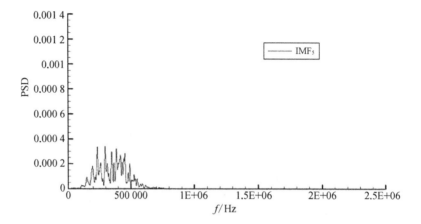

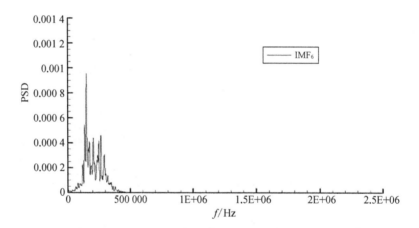

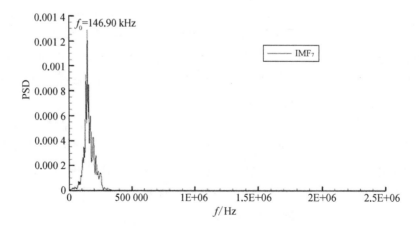

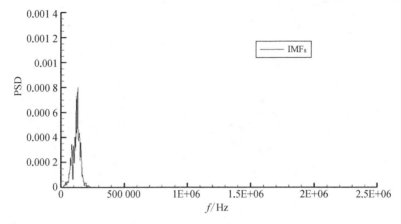

**图 4.6**　脉动压力信号奇异值分解分量 $P_4$ 信号的经验模态分解 $\mathbf{IMF_5 \sim IMF_8}$ 的功率谱密度(平板边界层, $Ma = 6$, $Re = 1.0 \times 10^7 \ \mathrm{m}^{-1}$)

　　上面展示了如何结合奇异值分解和经验模态分解方法从试验信号中提取第二模态不稳定波。该方法仅仅客观地利用了信号本身的性质和相空间,不同于小波变换依赖于小波母函数的主观选取。上述案例也表明,这种方法是有效的,也是较为可靠的。

### 4.2.3　Mack 模态扰动的调制特征

Mack 模态扰动存在相互调制过程[7]。

　　根据傅里叶级数理论可知,任意信号均可表示为

$$x(t) = \sum A_n \cos(2\pi f_n t + B_n) \tag{4.2}$$

其中, $A_n$ 为幅值; $f_n$ 为频率; $B_n$ 为相位。当 $A_n$ 随时间变化时,称为信号的幅值调制;当 $B_n$ 随时间变化时,称为信号的相位调制。

　　当调制信号为单一频率调制时,会形成多个对称的边频成分。当调制信号是多个频率的组合时,会形成无穷多的更加密集的边频成分。多个边带谱线的相位不可能完全一致,因此会导致边频的幅值增加或减小,从而破坏了边频带原有的对称性。因此,通常情况下,调制信号的边频带分布是不对称的。

　　图 4.7 显示了第二模态不稳定波的时域分布和频域分布细节,可以看到,在主频率 146.90 kHz 的两侧非对称地分布着多个边频,呈现出明显调制特征。这说明,第二模态不稳定波在传播过程中与低频窄带信号发生了非线性作用。表 4.1 给出了第二模态波的主频率和边频率。

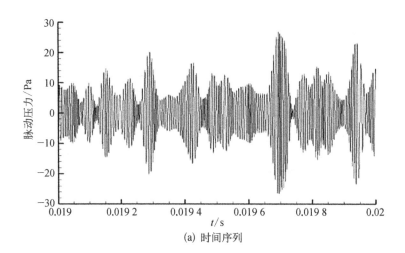

(a) 时间序列

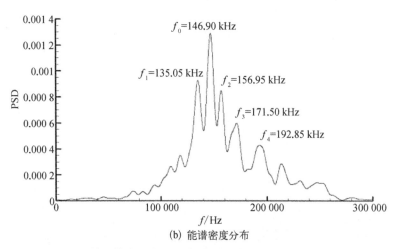

(b) 能谱密度分布

**图 4.7 第二模态不稳定波的时间序列特征和能谱密度分布**

**表 4.1 第二模态波的主频率和边频率(单位:kHz)**

| $f_0$ | $f_1$ | $f_2$ | $f_3$ | $f_4$ |
| --- | --- | --- | --- | --- |
| 146.90 | 135.05 | 156.95 | 171.50 | 118.27 |

利用数字解调技术可以分析不稳定波的调制特征。对于提取出的第二模态不稳定波 $S_m(t)$,即经验模态分解给出的第 7 个 IMF,$c_7(t)$,可写成

$$S_m(t) = A(t)\cos\left[2\pi f_0 t + B(t)\right] \tag{4.3}$$

其中，$f_0$ 表示第二模态不稳定波的主频率。

首先求 $S_m(t)$ 的 Hilbert 变换，得到 $h(t)$，利用 $S_m(t)$ 和 $h(t)$ 求得幅值函数：

$$A(t) = \sqrt{S_m^2(t) + h^2(t)} \tag{4.4}$$

$A(t)$ 表示第二模态不稳定波信号的包络线，即幅值调制函数，如图 4.8(a) 所示。

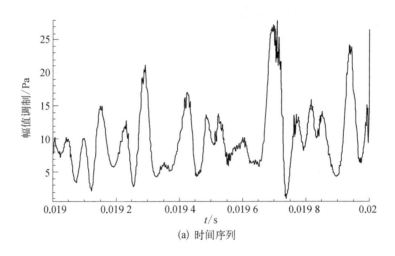

(a) 时间序列

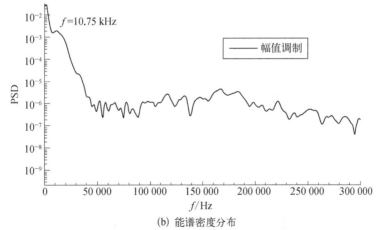

(b) 能谱密度分布

图 4.8　幅值调制的时间序列与功率谱密度

相位函数为

$$\Phi(t) = \arctan[h(t)/S_m(t)] = 2\pi f_0 t + B(t) \tag{4.5}$$

$\Phi(t)$ 减掉线性项 $2\pi f_0 t$，就可求出相位调制函数 $B(t)$，如图 4.9(a)所示。

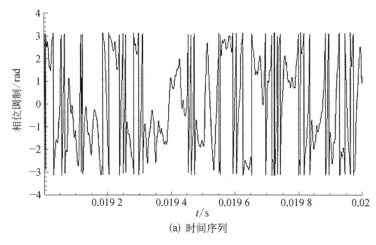

(a) 时间序列

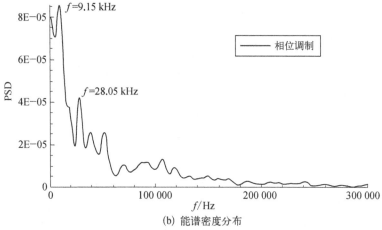

(b) 能谱密度分布

**图 4.9    相位调制的时间序列与能谱密度分布**

分析幅值调制和相位调制的频率分布可以获得它们与第二模态波边频带的关系。

从图 4.8(b)可以看出，幅值调制信号的频率主要集中在 20 kHz 以内，仅 10.75 kHz 处出现一个特征频率；而从图 4.9(b)可以看出，相位调制信号覆盖的频段较宽，主要的特征频率为 9.15 kHz 和 28.05 kHz。这些频率如表 4.2 所示。

**表 4.2　调制的频率特性**

| | 幅 值 调 制 | 相 位 调 制 | |
|---|---|---|---|
| 频率 $f$ | 10.75 kHz | 9.15 kHz | 28.05 kHz |

表 4.3 显示了主频率、边频率和调制作用之间的关系,从中可以看出:

(1) 图 4.9 中边频率 $f_1$(135.05 kHz)是主频率与幅值调制频率 10.75 kHz 或相位调制频率 9.15 kHz 的差作用导致的,即 $f_1 = f_0 - \Delta f$(约 136.15 kHz);

(2) 边频率 $f_2$(156.95 kHz)是主频率与幅值调制频率(10.75 kHz)或相位调制频率(9.15 kHz)的和作用导致的,即 $f_2 = f_0 + \Delta f$(约 157.65 kHz);

(3) 边频率 $f_3$(171.50 kHz)是主频率与相位调制频率(28.05 kHz)的和作用导致的,即 $f_3 = f_0 + \Delta f$(约 174.95 kHz);

(4) 边频率 $f_4$(118.27 kHz)是主频率与相位调制频率(28.05 kHz)的差作用导致的,即 $f_4 = f_0 - \Delta f$(约 118.85 kHz)。

**表 4.3　主频率、边频率和调制作用的关系(单位: kHz)**

| $\lvert f_0 - f_1 \rvert$ | $\lvert f_0 - f_2 \rvert$ | $\lvert f_0 - f_3 \rvert$ | $\lvert f_0 - f_4 \rvert$ |
|---|---|---|---|
| 11.85 | 10.05 | 24.6 | 28.63 |
| (10.75) △<br>(9.15) ▲ | (10.75) △<br>(9.15) ▲ | (28.05) ▲ | (28.05) ▲ |

注: △表示幅值调制;▲表示相位调制。

由此可以看出,第二模态不稳定波的边频率基本都是第二模态不稳定波的主频率与调制的特征频率相互作用的结果,这说明,在高超声速边界层转捩过程中,第二模态不稳定波与低频窄带信号发生幅值调制和相位调制现象,并以相位调制为主。

定义幅值调制指数和相位调制指数来表示信号中不同频率波调制的程度,定义如式(4.6)和式(4.7)。上述案例中,第二模态不稳定波的调制指数分别为 $\alpha = 0.5043$ 和 $\beta = 1.9009$。 相位调制指数大于幅值调制指数,这也说明第二模态不稳定波与低频窄带信号的相位调制程度明显高于幅值调制,也就是说,相位调制是第二模态不稳定波与低频信号相互作用的主要机制。

$$\alpha = \frac{\sqrt{\left\langle \left[ A(t) - \langle A \rangle \right]^2 \right\rangle}}{\langle A \rangle} \tag{4.6}$$

$$\beta = \sqrt{\langle B^2(t) \rangle} \tag{4.7}$$

## 4.3　T-S 波与外部扰动波的相互作用

本节介绍 T-S 波与外部扰动波的相互作用[8]。数值模拟的研究工况为：$Ma_\infty = 6.0$，$T_\infty = 216\,\mathrm{K}$，$Pr = 0.72$，$\gamma = 1.4$，$Re_0 = 1.0 \times 10^6\,\mathrm{m}^{-1}$。计算域大小为 2.0×0.44，网格点数为 1 001×301，采用迎风 NND 格式计算得到基本流动，再求解第 2 章介绍的扰动方程。基本流的压力和密度等值线图如图 4.10 所示。

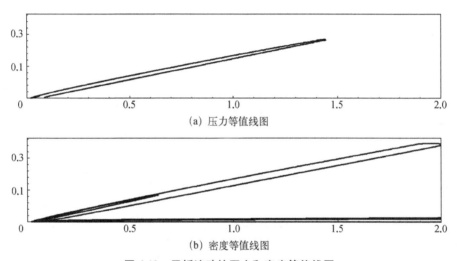

(a) 压力等值线图

(b) 密度等值线图

**图 4.10　平板流动的压力和密度等值线图**

分别讨论 T-S 波与三种外部干扰之间的作用。

（1）T-S 波与壁面粗糙度之间的干扰：壁面粗糙度扰动通过在平板壁面前缘附近局部施加形式为 $u' = \varepsilon \sin(\omega t)$ 的扰动来引入。

（2）T-S 波与声波之间的干扰：声波扰动通过在入口截面施加形式为：$p' = c^2 \varepsilon \sin(\omega t)$，$\rho' = \varepsilon \sin(\omega t)$，$u' = \varepsilon c \sin(\omega t)/\rho$ 的扰动来引入，其中 $c = (\gamma p/\rho)^{1/2}$ 为声速。

（3）T-S 波与阵风之间的干扰：阵风通过在入口截面施加形式为 $u' = \varepsilon \sin(\omega t)$ 的扰动来引入。

上述三种扰动表达式中，$\omega$ 取值均为 176.6，$\varepsilon$ 取值均为 0.000 1。

图 4.11 给出了三种干扰形式下，沿 $x$ 方向的扰动压力 $p'$ 曲线。

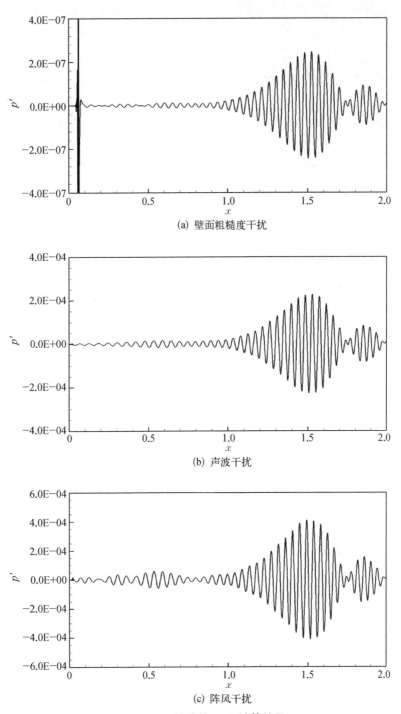

(a) 壁面粗糙度干扰

(b) 声波干扰

(c) 阵风干扰

图 4.11　干扰波的 DNS 计算结果

值得注意的是,对于不同扰动条件,边界层内的感受性过程是不同的,但是三种扰动形式在 $x = 0.5$ 之前均为第一模态,在 $x = 0.7$ 之后均为第二模态。图 4.12 给出了三种干扰形式扰动压力 $p'$ 的等值线图。图 4.12(a)中可以看出对于壁面粗糙度的干扰,在粗糙元位置产生一个扰动波,并随着边界层平稳地向下游运动。对于声波和阵风干扰,如图 4.12(b)和(c)所示,干扰波在边界层内是 T-S 波的形式,由于其与外部声波和阵风之间波长不同而产生相互干扰。值得注意的是,声波和阵风效应对 T-S 波的干扰是不同的,其中声波效应对第二模态 T-S 有很强的抑制作用。

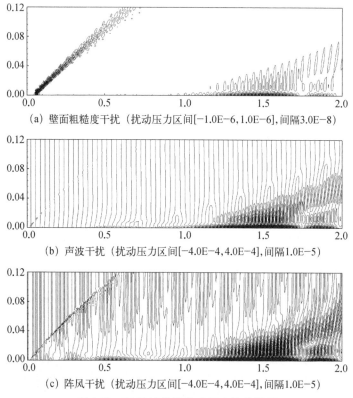

(a) 壁面粗糙度干扰 (扰动压力区间[−1.0E−6,1.0E−6],间隔3.0E−8)

(b) 声波干扰 (扰动压力区间[−4.0E−4,4.0E−4],间隔1.0E−5)

(c) 阵风干扰 (扰动压力区间[−4.0E−4,4.0E−4],间隔1.0E−5)

**图 4.12 DNS 计算的扰动压力等值线图**

因此,进一步采用 Fourier 变换对三种干扰形式开展模态分析。在 $x = 0.45$ 处开展第一模态的 Fourier 分析,在 $x = 1.14$ 处开展第二模态的 Fourier 分析。图 4.13 是壁面粗糙度干扰条件下,第一模态和第二模态干扰波的特征函数曲线。图 4.14 是声波干扰条件下,第一模态和第二模态干扰波的特征函数曲线。图 4.15 是阵风干扰条件下,第一模态和第二模态干扰波的特征函数曲线。

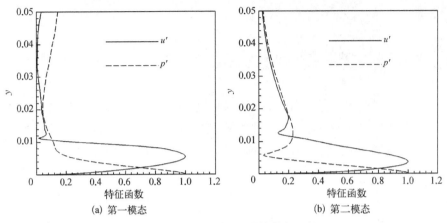

(a) 第一模态　　　　　　　　　　(b) 第二模态

**图 4.13　壁面粗糙度干扰的特征函数**

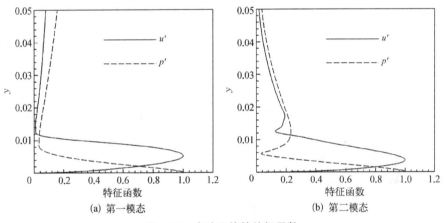

(a) 第一模态　　　　　　　　　　(b) 第二模态

**图 4.14　声波干扰的特征函数**

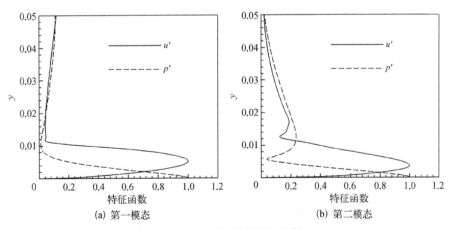

(a) 第一模态　　　　　　　　　　(b) 第二模态

**图 4.15　阵风干扰的特征函数**

## 4.4 T-S波的空间演化过程

层流到转捩的过程是不稳定扰动增长放大的结果,因此,认识扰动的时空演化过程对认识湍流的生成具有重要意义。本节通过数值模拟方法来认识高超声速边界层中第一模态扰动和第二模态扰动的空间演化过程[9]。

### 4.4.1 第一模态扰动波

案例为来流马赫数 6 的高超声速平板边界层。计算参数选取 26 km 高空处的值,来流温度 $T_\infty^* = 222.5$ K,来流密度 $\rho_\infty^* = 0.034\,27$ kg/m³,$c_\infty^* = 299.073$ m/s,$\mu_\infty^* = 1.453\,8 \times 10^{-5}$ kg/(m·s),单位来流雷诺数 $Re_0 = 4\,221\,936$ m$^{-1}$,壁面为等温壁,$T_w^* = 600$ K。基本流计算域入口或零点这样选取,根据该处边界层厚度 $\delta$ 定义的雷诺数 $Re = 10^4$,扰动计算域从 $x = 450$ 处开始,对应的以边界层厚度定义的雷诺数 $Re = 1.944 \times 10^4$。

图 4.16 给出了扰动计算入口处速度剖面和中性曲线。第一模态扰动最不稳定的是三维扰动,如图 4.16(b)中符号"×"所示,具体参数则如表 4.4 所列。计算中在入口一对互为共轭的第一模态三维斜波扰动,扰动形式见式(4.1)。

**表 4.4　第一模态最不稳定扰动参数**

| | 频率 $\omega$ | $\alpha_r$ | $\alpha_i$ | 展向波数 $\beta$ | 初始幅值 |
|---|---|---|---|---|---|
| (1, ±1) | 0.084 | 0.108 921 84 | -0.001 188 08 | ±0.313 | 0.005 |

图 4.17 分别给出了该斜波扰动的速度、温度和压力的特征剖面。从速度和温度的特征剖面可以看到,扰动峰值并不靠近壁面处,而是在边界层外缘附近,这点比较特殊,是此工况下壁面温度条件比较低所引起的。

分别以 $x$-$z$ 和 $x$-$\beta$ 平面上瞬时扰动速度分布来展示扰动演化过程,如图 4.18 所示。可以看到,在 $x$-$z$ 平面上扰动首先为规则花纹,然后表现为流向条带,最后破碎。$x$-$z$ 平面上的这些结构实际上是空间结构在该平面上的痕迹。三维斜波首先演化为"Λ"涡,之后"Λ"涡的涡头进入高速流体,速度快,它会被拉长形成发卡涡,对应的,$x$-$z$ 平面上的流向条带也会变得细长。如果与 $x$-$\beta$ 平面对照,可以看到,在 $x < 630$ 时,扰动在展向只有一个波数,表现为单周期;在 $x > 630$

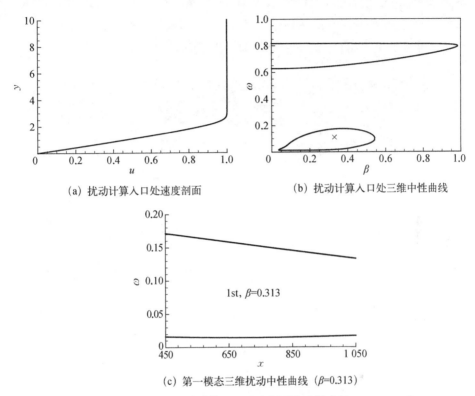

(a) 扰动计算入口处速度剖面

(b) 扰动计算入口处三维中性曲线

(c) 第一模态三维扰动中性曲线（$\beta=0.313$）

**图 4.16　扰动计算入口速度剖面和中性曲线**

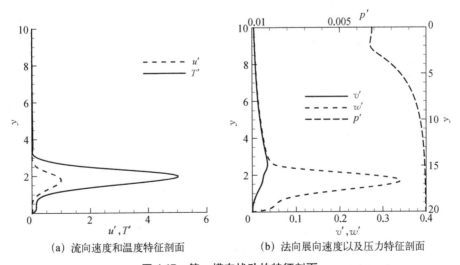

(a) 流向速度和温度特征剖面

(b) 法向展向速度以及压力特征剖面

**图 4.17　第一模态扰动的特征剖面**

后出现超谐波,表现出两个周期;而在破碎过程中 ($x > 950$) 出现更多谐波,呈多周期特征,类似分叉。图 4.18 实际上表明,边界层流动中,流动空间结构与扰动演化密切相关,通过控制入口扰动可以产生不同的空间结构。

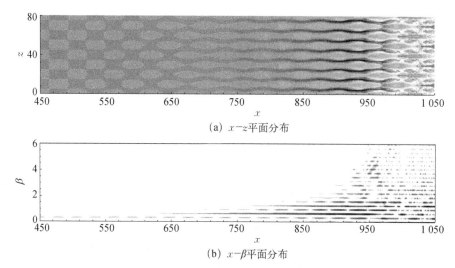

(a) $x$−$z$平面分布

(b) $x$−$\beta$平面分布

**图 4.18** 一对第一模态三维斜波的空间演化图像(瞬时流向脉动速度)

扰动在演化过程中会出现非线性作用,产生各阶谐波扰动。如果以 ($\omega$, $\beta$) 代表一个扰动,那么,(1, 1)称为基频扰动,(0, 2)是其产生的一个谐波,(0, 0)称为平均流修正,这些扰动的特征如图 4.19 所示。从图 4.19(a)可以看出,(1, 1)扰动的速度在壁面附近一直很小,只是到了 $x = 990$ 位置时,才变得较大。计算域入口并没有加入(0, 2)扰动,但三维斜波自己激发出该扰动,且增长较快,扰动速度峰值更靠近壁面,在 $x = 870$ 位置处达到峰值。图 4.19(c)给出了(0, 0)扰动的演化,在 $x = 750$ 以前,平均流修正很小,只是到了 $x = 870$ 处,平均流修正开始明显,且法向分布与(0, 2)扰动类似,在壁面附近速度较大,再往下游平均流修正开始迅速增长,远超其他扰动。图 4.20 给出了这三个扰动沿流向的演化情况,可以看到,扰动(0, 2)从 $x = 550$ 左右开始幅值超过(1, 1)扰动,到 $x = 850$ 时,平均流修正(0, 0)开始迅速增长,在 $x = 910$ 处超过(0, 2),这时(0, 2)已经达到最大值并开始衰减。在 $x = 950$ 以后,扰动(1, 1)和(0, 2)的幅值出现振荡,对应的是更多三维扰动的增长。

之所以把(1, 1)、(0, 2)和(0, 0)三个扰动挑出来解释,是因为其中隐含了一个重要机制。如果只有(1, 1)扰动,它并不能使边界层快速转捩。前面结果反映了一种可能途径,(1, 1)扰动的增长将能量传给定常扰动(0, 2),而扰动

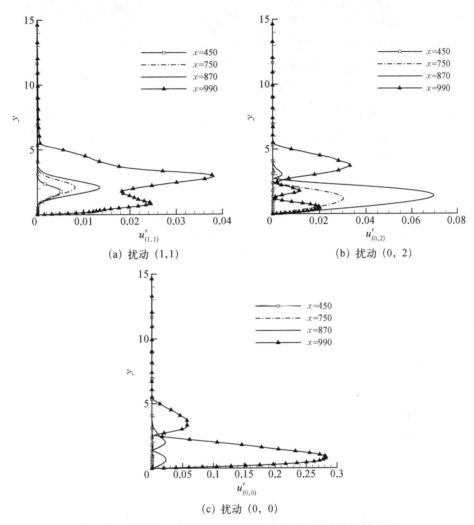

(a) 扰动 (1, 1)　　　　　　　　(b) 扰动 (0, 2)

(c) 扰动 (0, 0)

图 4.19　不同流向位置处不同谐波扰动流向分量沿法向的分布

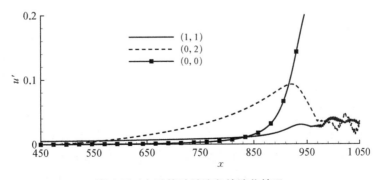

图 4.20　各阶扰动随流向的演化情况

(0，2)峰值靠近壁面，它能够使得基本流修正(0，0)增大，而当基本流修正
(0，0)增大到一定程度后，将改变整个速度分布的稳定性特征，使更多的三维扰
动快速增长，从而加速转捩进程。

图 4.21 给出了下游平均流剖面及相应的中性曲线，可以看到，平均流剖面
确实产生了明显的修正，出现拐点，第一模态不稳定区域在频率和展向波数不断
扩大，说明更多三维谐波扰动变为不稳定扰动，同时，最不稳定扰动发生变化，这
些三维扰动增长率变大，增长变快。这些过程可持续至转捩发生。

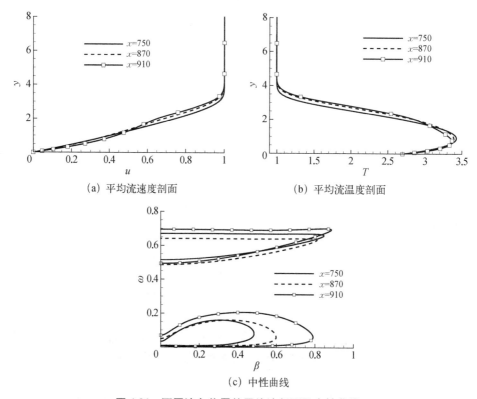

(a) 平均流速度剖面                    (b) 平均流温度剖面

(c) 中性曲线

图 4.21　不同流向位置处平均流剖面及中性曲线

### 4.4.2　第二模态扰动波

以相同方法研究第二模态扰动波的空间演化过程。案例仍为来流马赫数 6
的高超声速平板边界层。计算参数选取 40 km 高空处的值，来流温度 $T_\infty^* =$
250.35 K，来流密度 $\rho_\infty^* = 3.9957 \times 10^{-3} \ \mathrm{kg/m^3}$，$c_\infty^* = 317.19 \ \mathrm{m/s}$，$\mu_\infty^* = 1.6009 \times 10^{-5} \ \mathrm{kg/(m \cdot s)}$，单位来流雷诺数 $Re_0 = 475027.2 \ \mathrm{m^{-1}}$，壁面为等温壁，$T_w^* =$

1 000 K。根据该处边界层厚度 $\delta$ 定义的雷诺数 $Re = 10^5$，扰动计算域从 $x = 450$ 处开始，对应的以边界层厚度定义的雷诺数 $Re = 1.18 \times 10^5$。

图 4.22 给出了计算域内使用线性稳定性理论分析得到的中性曲线，第二模态扰动最不稳定波的频率为 1.4，我们对三种扰动情况进行模拟，工况对应的扰动参数见表 4.5。Case1 中加入的是一对频率与二维扰动频率相同的三维扰动，是 K 型非线性作用；Case2 中加入的三维扰动频率是二维扰动频率的一半，且选取与二维扰动相速度相同的那个展向波数的三维扰动，这样一对三维扰动与二维基本扰动形成三波共振的情况，对应于亚谐型非线性作用；Case3 中加入的三维扰动是第一模态最不稳定三维扰动。扰动加法同第一模态扰动。

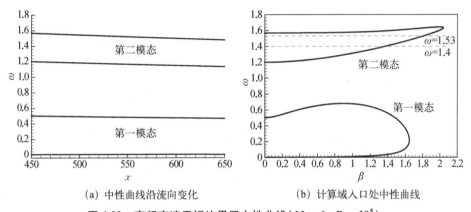

(a) 中性曲线沿流向变化　　　　　(b) 计算域入口处中性曲线

图 4.22　高超声速平板边界层中性曲线 ($Ma = 6$，$Re = 10^5$)

表 4.5　第二模态扰动模拟参数

| | 频率 $\omega$ | $\alpha_r$ | $\alpha_i$ | 展向波数 $\beta$ | 初始幅值 |
|---|---|---|---|---|---|
| 二　维 | 1.4 | 1.532 079 82 | −0.053 894 8 | 0 | 0.005 |
| 三维 (Case1) | 1.4 | 1.443 685 94 | 0.014 015 51 | ±1.5 | 0.000 05 |
| 三维 (Case2) | 0.7 | 0.766 039 92 | 0.017 987 7 | ±2.494 42 | 0.000 05 |
| 三维 (Case3) | 0.324 4 | 0.387 330 48 | −0.007 267 39 | ±0.8 | 0.000 05 |

图 4.23~图 4.25 给出了 3 个工况下瞬时流向扰动速度在 $x$-$z$ 和 $x$-$\beta$ 平面上的分布。可以看到，早期流动维持二维状态，到下游才出现明显的高展向波数的三维扰动及其结构。比较有意思的是，Case1 和 Case2 中是入口加入的三维扰动得到增长，而 Case3 中入口加入的三维扰动并未得到增长，而是具有其两倍展向

波数的三维扰动 $\beta = 1.6$ 得到增长,显示了第二模态二维基本扰动对三维扰动高展向波数的选择性。

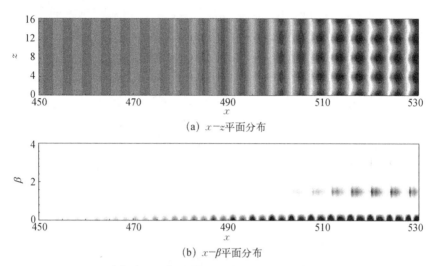

(a) $x$–$z$平面分布

(b) $x$–$\beta$平面分布

**图 4.23　高超声速平板边界层瞬时流向扰动速度分布(Case1)**

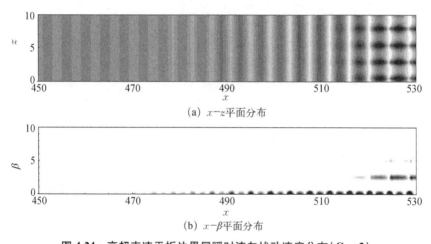

(a) $x$–$z$平面分布

(b) $x$–$\beta$平面分布

**图 4.24　高超声速平板边界层瞬时流向扰动速度分布(Case2)**

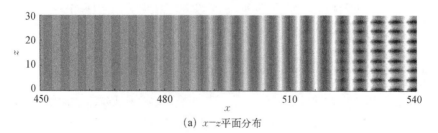

(a) $x$–$z$平面分布

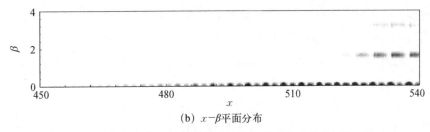

(b) $x - \beta$平面分布

**图 4.25　高超声速平板边界层瞬时流向扰动速度分布(Case3)**

图 4.26(a)给出了二维扰动随流向的演化,虚线显示的是 LST 结果,可以看出,三种情况下二维扰动的增长在计算域内不受三维扰动的影响,前期维持线性增长,从 $x = 500$ 开始不再满足线性稳定性,自身的非线性开始起作用,这时二维扰动的幅值为 0.15 左右。图 4.26(b)是三维扰动的演化,可以看到,Case1 增长最早,其次是 Case2,Case3 情况增长最晚。Case1 是 K 型扰动,Case2 是亚谐型扰动,尽管 Case3 的稳定性分析是增长的波,但是,开始增长最晚,其间经历了波数选择过程。从这个算例可以得知,当二维扰动幅值较大时,高超声速边界层 K型非线性作用强于亚谐型非线性作用。实际上,这一结果从线性稳定性结果可以推知,高超声速边界层第二模态扰动不稳定频率范围很窄,其三维亚谐扰动的增长率小于谐波扰动的增长率,因此,K 型扰动比 H 型扰动增长更快。

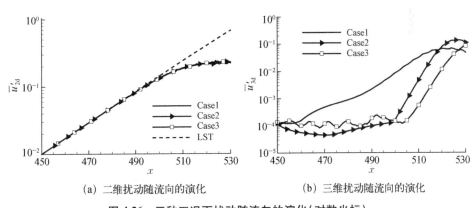

(a) 二维扰动随流向的演化　　　　(b) 三维扰动随流向的演化

**图 4.26　三种工况下扰动随流向的演化(对数坐标)**

## 4.5　高超声速平板边界层自然转捩过程

上文介绍了扰动波的线性和非线性演化过程,之后将完整展示高超声速平板边界层自然转捩过程[10]。条件为马赫数 6,来流雷诺数为 $4.2×10^6$ m$^{-1}$。在入口同时引入多个第一模态斜波扰动和第二模态扰动,数值模拟其演化过程。边界层自然转捩过程的图像基本上如图 4.27 所示,该图展示了高超声速平板边界层某时刻的 $Q_2$ 等值线云图,可以看到,入口扰动波逐渐演化为二维展向旋涡,进而三维扰动增长,展向旋涡结构演化为后掠涡,最后破碎。图 4.28 为对应的摩阻系数曲线,摩阻系数由层流值逐渐偏离,最后达到湍流值,摩阻系数偏离层流值所对应的流向位置定义为转捩起始位置,达到湍流值所对应的流向位置则定义为转捩结束位置,这两个位置之间为转捩区。

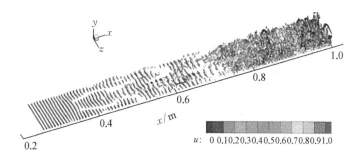

**图 4.27**　高超声速平板边界层自然转捩过程 $Q_2$ 等值线云图(后附彩图)

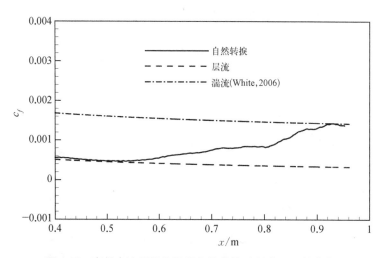

**图 4.28**　高超声速平板边界层自然转捩过程摩阻系数曲线

图 4.28 中还给出了层流和湍流壁面摩阻系数,其计算公式如下。层流壁面摩擦系数的理论值由下式给出:

$$c_{f,\,L} = 0.664\,1\sqrt{Re_x} \tag{4.8}$$

湍流壁面摩擦系数的经验公式由 White[11] 给出：

$$c_{f,T} \approx \frac{0.455}{\left[ S\ln\left( \dfrac{0.06}{S} Re_{xe} \dfrac{\mu_e}{\mu_w} \sqrt{\dfrac{T_e}{T_w}} \right) \right]^2} \tag{4.9}$$

其中,下标 e 表示边界层边缘处值;下标 w 表示物面处值;系数 $S$ 表达式为

$$S = \frac{\sqrt{\dfrac{T_{aw}}{T_e} - 1}}{\arcsin A + \arcsin B} \tag{4.10}$$

$$A = \frac{2a^2 - b}{\sqrt{b^2 + 4a^2}}, \quad B = \frac{b}{\sqrt{b^2 + 4a^2}} \tag{4.11}$$

$$a = \sqrt{\frac{\gamma - 1}{2} Ma_e^2 \frac{T_e}{T_w}}, \quad b = \left( \frac{T_{aw}}{T_w} - 1 \right) \tag{4.12}$$

其中, $T_{aw}$ 表示该湍流场的绝热壁温,该值可通过湍流恢复系数 $r_{turb}$ 进行估计,估算公式如下：

$$T_{aw} = T_e + r_{turb}(T_{0,e} - T_e) \tag{4.13}$$

恢复系数如下：

$$r_{turb} \approx (\Pr_T)^{1/3} \approx 0.89 \tag{4.14}$$

总温：

$$T_{0,e} = T_e\left( 1 + \frac{\gamma - 1}{2} Ma_e^2 \right) \tag{4.15}$$

其中, $\gamma$ 为气体比热容比,对完全气体的空气取 1.4。

对于不可压缩湍流,进入充分发展湍流后,平均速度型满足壁面律和对数律。van Direst[12] 利用黏性系数随温度的变化关系式,提出了一种变化,使得可压缩湍流边界层的平均速度剖面经该变换后,与不可压缩湍流边界层的速度剖面相似,也符合壁面律和对数律。这种变换成为湍流特征的一个重要评价。

van Direst 变换关系式为

$$u_{vd}^+ = \int_0^{u^+} \sqrt{\rho / \rho_w} \, \mathrm{d}u^+ \tag{4.16}$$

其中，

$$y^+ = yu_\tau / \nu, \ u^+ = u/u_\tau \tag{4.17}$$

壁面摩擦速度：

$$u_\tau = \sqrt{\tau_{\mathrm{w}}/\rho_{\mathrm{w}}} \tag{4.18}$$

$$\tau_{\mathrm{w}} = \mu \left. \frac{\partial u}{\partial y} \right|_{y=0} \tag{4.19}$$

图 4.29 为 $x = 0.9$ m 处平均速度剖面和经 van Direst 变换后的平均速度，与壁面律 $u^+ = y^+$ 和对数律 $u^+ = 2.5\ln y^+ + 5.8$ 对比可以看到，经 van Driest 变换后的平均速度剖面比不经过变换的平均剖面更符合对数律。

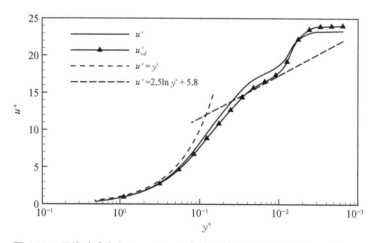

图 4.29    平均速度和经 van Direst 变换后的平均速度剖面($x = 0.9$ m)

## 4.6    高超声速边界层中的小激波结构

小激波结构是超声速流动中特有的一种现象，只有在流动结构与周围流体的相对速度差超过声速时才可能发生，此时流动结构为激波发生器。小激波结构在自由剪切层中较为常见，一般认为，对于二维情形，当自由剪切层对流马赫数超过 0.7 时，旋涡对并会引起小激波结构，而对于三维情形，只有当自由剪切层对流马赫数超过 1.2 时，才会出现小激波结构。

对马赫数 6、雷诺数 $2.0 \times 10^6$ m$^{-1}$ 平板边界层开展 DNS 计算时发现，高超平板边界层也可能存在小激波结构,如图 4.30 所示。这些小激波结构位于边界层外缘,目前对它的成因、演化以及对边界层稳定性的影响没有太多认识。

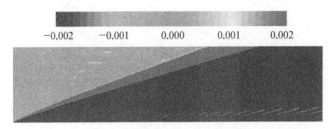

图 4.30　高超声速平板边界层的小激波结构(后附彩图)

## 4.7　高超声速湍流场生成技术

高超声速湍流场生成技术是一项非常实用的技术,工程中也常常面临这一问题。风洞中当来流雷诺数偏小,为保证流态相似,常常引入人工转捩带来强制转捩,而计算中同样存在这种需求,好的湍流场生成技术不仅能够减小计算量,而且生成的湍流场更真实。常用的生成湍流场的方法有如下几类:自然转捩方法;合成湍流方法;流场参数回收方法;壁面粗糙等。自然转捩方法如 4.5 节所述,不再重复。下面我们介绍强制转捩方法和利用时间发展流场生成湍流场的方法[13]。

案例为高超声速平板边界层,对应 26 km 高空处气体参数值,来流马赫数 6,壁面为等温壁,温度为 600 K。计算时使用 26 km 高空处来流速度、密度和温度值作为相应无量纲参考量,长度使用 $L=1$ m 作为无量纲参考量,对应的单位来流雷诺数为 $4.23 \times 10^6$ m$^{-1}$。

### 4.7.1　强制转捩方法

强制转捩方法包括被动方法和主动方法两类。被动方法是在流场中引入凸起、凹陷等装置产生大幅值扰动或改变局部基本流,提前引发较强的流向涡,加速转捩;主动方法是通过吹吸、振动等方式往流场中注入能量,同样产生大幅值扰动来促进转捩。它们的原理基本相同。此处介绍波纹壁方法。

在平板边界层 $x \in [x_1, x_2]$ 之间设置波纹壁,$x_1 = 0.45$ m,$x_2 = 0.5$ m,如图 4.31 所示,其分布函数为

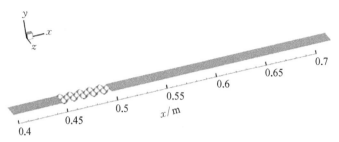

图 4.31　加波纹壁的平板示意图

$$y = h \times \sin[k_x(x - x_1)]\sin(k_z z) \tag{4.20}$$

其中，$h = 2.45\,\text{mm}$（约当地边界层厚度的 7/10）；$k_x = 5\dfrac{2\pi}{x_2 - x_1}$；$k_z = 2\dfrac{2\pi}{l_z}$，$l_z$ 为展向计算域宽度。

图 4.32 为统计定常后某一时刻速度梯度张量二阶不变量 $Q_2 = 5\,000$ 的三维等值面，可以看到，流场经过波纹壁后产生了明显的三维结构，流动从层流快速转捩进入湍流状态，但同时可以看到，波纹壁处的流动结构与下游流动结构没有明显的对应关系，说明下游并不是波纹壁处的流动结构在发展，它不会自维持，因此不是湍流结构，但它们起到了放大器的作用，流场自身选择的结构得到快速发展。图 4.33 显示了某展向平面上的涡量等值线图，波纹壁引起了速度分层，产生了剪切流，剪切流比边界层更容易失稳，对扰动具有放大作用。图 4.34 是壁面摩擦系数和热流曲线沿流向的分布，可以看到，在波纹壁处，摩擦系数和热流曲线振荡抬升，经过波纹壁后缓慢下降，一段距离后达到完全湍流状态。图 4.35 给出了 $x = 0.68\,\text{m}$ 处平均速度和经 van Driest 变换后的平均速度剖面沿壁

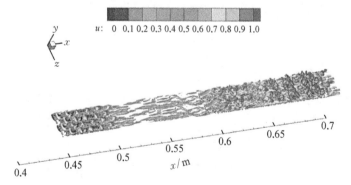

图 4.32　波纹壁控制下平板边界层流动涡系结构（$Q_2 = 5\,000$，<br>速度着色；$Ma = 6$，$Re = 4.23 \times 10^6\,\text{m}^{-1}$，后附彩图）

面法向的分布,与壁面律符合较好,但和对数律有所偏离。这说明,波纹壁能够加速层流到转捩的过程,但也可看到,由于非自然过程,它产生的湍流会残留人工的痕迹,和自然湍流存在一定偏差。

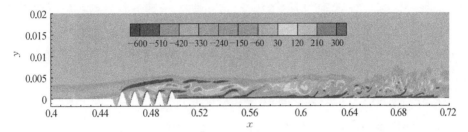

图 4.33   波纹壁控制下平板边界层展向涡量等值线($z=0.005$ m;
$Ma=6$, $Re=4.23\times10^6$ m$^{-1}$,后附彩图)

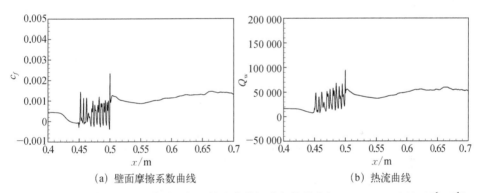

(a) 壁面摩擦系数曲线                           (b) 热流曲线

图 4.34   波纹壁控制下壁面摩擦系数和热流曲线沿流向的分布($Ma=6$, $Re=4.23\times10^6$ m$^{-1}$)

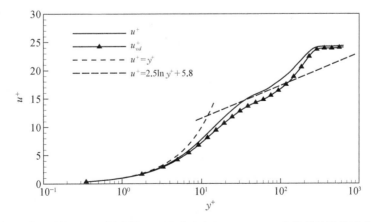

图 4.35   波纹壁控制下平板边界层平均速度和经 van Direst 变换后的平均速度剖面
($x=0.68$ m; $Ma=6$, $Re=4.23\times10^6$ m$^{-1}$)

### 4.7.2　基于时间发展流动的湍流入口

设想在一个充分发展湍流场的某个流向位置 $x_0$ 放置一个观察窗口,然后记录该位置处湍流场随时间的演化 $V(t)$,那么,可以开展一个新的计算,入口设定为 $x_0$,每一时刻入口剖面对应赋值为 $V(t)$,理论上,其下游流场将与原湍流场一致。$V(t)$ 的形成过程构成了一个时间问题,因此,这启发人们用时间发展的边界层来生成空间发展边界层的湍流入口。时间发展边界层的优点是流向采用周期性边界条件,计算量和数据存储需求远小于空间问题。但必须注意,时间发展边界层获得的 $V(t)$ 与直接从空间问题中记录的 $V(t)$ 不会完全相同,因此,其下游流场也会与原湍流场存在差异。

时间发展的边界层求解初值问题,在全场引入初始扰动,加入一个最不稳定二维波,以及两对共轭的错频的三维波,扰动的具体形式为

$$u' = A\hat{u}(y)\mathrm{e}^{\mathrm{i}(\alpha x + \beta z)} + c.c. \tag{4.21}$$

对于时间模式,频率 $\omega$ 是复数,其虚部 $\omega_i$ 代表扰动的增长率,扰动的具体参数见表 4.6。

表 4.6　初始时刻引入扰动的具体参数

| 序号 | 流向波数 $\alpha$ | 频率 $\omega_r$ | 增长率 $\omega_i$ | 展向波数 $\beta$ | 幅值 $A$ |
|---|---|---|---|---|---|
| 1 | 650 | 591.055 | 13.769 | 0 | 0.01 |
| 2 | 650 | 593.471 | 8.705 | 392.699 | 0.01 |
| 3 | 520 | 548.790 | −9.166 | 785.398 | 0.01 |

图 4.36 为时间发展平板边界层壁面摩擦系数,可以看到 $t=0.2$ s 左右壁面摩擦系数曲线开始抬升,意味着转捩的开始,到 $t=0.5$ s 左右达到峰值进入湍流区,到达湍流区后曲线趋于平缓且有所下降。图 4.37 为 0.8 s 时速度梯度张量二阶不变量 $Q_2 = 5\,000$ 的三维等值面,可以看到丰富的流动结构,呈现充分发展湍流的特点。

取 0.8 s 时刻的流场数据作为空间发展湍流流场的入口条件。此瞬时湍流流场数据记为 $V_T(x, y, z)$,则空间发展边界层的入口条件可设定为

$$V_{S,\,\mathrm{inlet}}(y, z;\, t) = V_T(x, y, z) \tag{4.22}$$

式(4.22)包含了一种时空变换关系,在一个恒定速度的运动坐标系中,空间与时间对应为 $x = ct$,那么空间序列和时间序列可建立对应关系。黄章峰

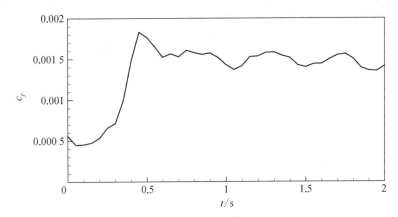

**图 4.36　时间发展平板边界层壁面摩擦系数曲线随时间的演化**
$(Ma=6,\ Re=4.23\times10^{6}\ \mathrm{m}^{-1})$

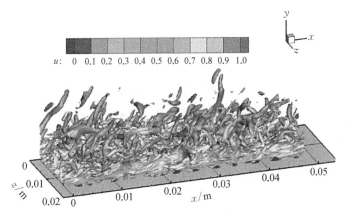

**图 4.37　时间发展平板边界层流动涡系结构($Q_{2}=5\,000$,**
**速度着色;$Ma=6,\ Re=4.23\times10^{6}\ \mathrm{m}^{-1}$,后附彩图)**

等[14,15]认为,壁湍流是具有大尺度相干结构的,而相干结构对湍流的性质起着决定性的作用,相干结构的传播具有波的性质,其传播速度约为 0.92,在实际计算中也发现以此作为相干结构的对流速度能得到较好的效果。因此这里取传播速度 $c$ 为 0.9。

入口流场转换的具体方法是:

(1) 取一瞬时 TDNS 湍流流场结果 $V_{\mathrm{T}}(x,\ y,\ z)$,其边界层厚度为 $\delta_{\mathrm{T}}$;

(2) 求出该工况下入口处的层流解 $V_{\mathrm{L}}(y)$,其边界层厚度为 $\delta_{\mathrm{L}}$;

(3) 假定空间发展的湍流入口处已完成转捩,其边界层厚度为 $k_{\delta}\delta_{\mathrm{L}}$,将

$V_T(x, y, z)$ 在法向作相似变换 $V_T(x, \hat{y}, z)$，$\hat{y} = yk_\delta\delta_L/\delta_T$，并分解为 $V_T(x, \hat{y}, z) = V_T(\hat{y}) + V_T'(x, \hat{y}, z)$；

（4）在湍流边界层内采用平均流场 $V_T(\hat{y})$，在湍流边界层外采用层流解 $V_L(\hat{y})$，中间采用光滑函数进行连接，这样就得到湍流入口的平均流场，具体表达式为

$$V = [1 - S(\eta)]V_T(\hat{y}) + S(\eta)V_L(\hat{y}) \tag{4.23}$$

其中，光滑函数为

$$S(\eta) = \begin{cases} 0, & \eta \leq 0 \\ [\tanh(7\eta - 4) + 1]/2, & 0 < \eta < 1 \\ 1, & \eta \geq 1 \end{cases} \tag{4.24}$$

（5）最后将脉动量 $V_T'(x, \hat{y}, z)$ 通过前面的时空转换关系转换成空间问题所需的入口流场的时间序列，再叠加到平均流场即可得到入口各物理量。

图 4.38 为通过上述方法计算得到的壁面摩擦系数曲线沿流向的分布，可以看到，入口仍需经过一段距离的调整，之后维持在湍流状态。图 4.39 为流场达到统计定常后某一时刻得到的速度梯度张量二阶不变量 $Q_2 = 5\ 000$ 的三维等值面，可以看到，从计算域入口处就表现出湍流特征，而且一直维持。但从平均速度剖面（图 4.40）来看，上游剖面与对数律仍然存在差距，下游剖面与对数律符合较好，说明湍流发展仍然经历了一个对非自然阶段的调整过程。

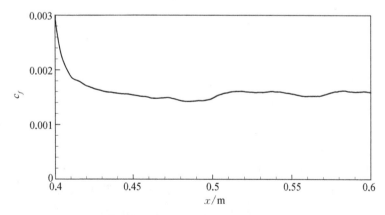

**图 4.38**　以时间发展边界层为入口的空间发展边界层壁面摩擦系数沿流向的分布（$Ma=6$，$Re=4.23×10^6\ \text{m}^{-1}$）

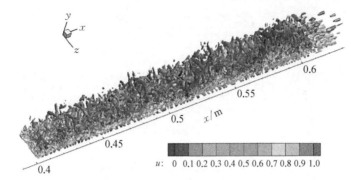

**图 4.39**　以时间发展边界层为入口的空间发展边界层流动涡系结构
（$Q_2 = 5\,000$，速度着色；$Ma = 6$，$Re = 4.23 \times 10^6\,\mathrm{m}^{-1}$，后附彩图）

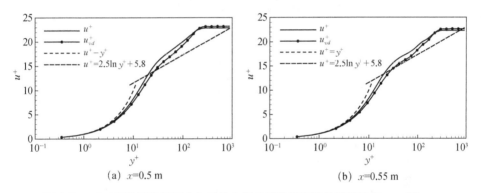

**图 4.40**　以时间发展边界层为入口的空间发展边界层平均速度和经 **van Direst**
变换后的平均速度剖面（$Ma = 6$，$Re = 4.23 \times 10^6\,\mathrm{m}^{-1}$）

### 4.7.3　可压缩湍流生成方法的比较

本小节对比三种湍流生成方法。

图 4.41 为 $y^+ = 40$ 平面上的瞬时流向速度分布云图，可以看到，自然转捩方法中流场经历了扰动线性增长、非线性增长和转捩进入湍流的全过程；引入波纹壁后，在波纹壁附近出现低速区，与外缘高速区形成剪切，之后出现了很长的速度条带，波纹壁引发的结构和湍流大尺度结构的过渡不是很自然；而时间发展湍流场的湍流化进程最快。

图 4.42 给出了这三种方法壁面摩擦系数曲线的比较，可以看到，进入充分发展湍流所需的流向距离依次为时间入口、波纹壁方法和自然转捩方法。

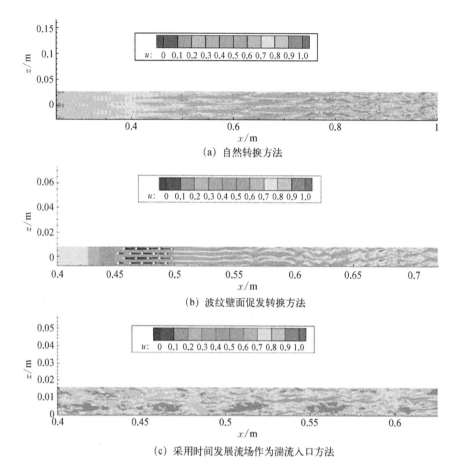

(a) 自然转捩方法

(b) 波纹壁面促发转捩方法

(c) 采用时间发展流场作为湍流入口方法

**图 4.41 三种湍流场生成方法对比(瞬时速度云图,**
$y^+=40$**; $Ma=6$, $Re=4.23\times10^6\ \mathrm{m}^{-1}$,后附彩图)**

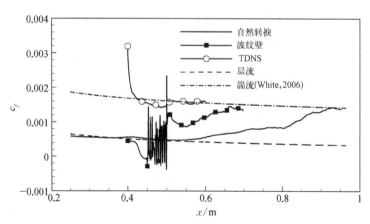

**图 4.42 三种湍流场生成方法壁面摩擦系数曲线对比($Ma=6$, $Re=4.23\times10^6\ \mathrm{m}^{-1}$)**

　　基于前述特征,如果计算能力允许,仍建议采用自然转捩方法生成湍流流场,它更符合稳定性理论,也更接近真实情况;如果要节省计算量,建议采用时间发展流场作为湍流入口;波纹壁等被动转捩方法似乎带有很强的"个性",这种"个性"来自局部边界条件的改变,可能影响充分发展湍流特征。

　　时间发展流场作为湍流入口的方法可以推广到其他外形和不同计算工况。董明等[16]提出这种方法可以将马赫数为 4.5 的时间发展的平板湍流场推广到马赫数为 6 的圆锥上。我们亦把马赫数为 6、高度 26 km、壁温 600 K 的时间发展平板湍流场推广至马赫数为 7、高度 27 km、壁温 700 K 的湍流场计算,同样是有效的。这种推广应用的基础实际上是进入湍流场后,湍流场包含宽谱的扰动信息,不同湍流场的主频可能不同,但在频域上存在重叠,一个湍流场中的宽谱信号经过新流场的调整后,会快速调整成为新流场的谱。这样,只需储存较少的时间流场,就可满足多数湍流场计算的需求。

## 参考文献

[ 1 ] 周恒,赵耕夫.流动稳定性[M].北京:国防工业出版社,2004.
[ 2 ] Mack L M. Boundary-layer stability theory [R]. Pasadena: Jet Propulsion Laboratory, California Institute of Technology, 1969.
[ 3 ] Shen Q, Ji F. Verification of direct numerical simulation on hypersonic boundary layer stability with LST[C]. Beijing: the 11st Asian Congress of Fluid Mechanics, 2006.
[ 4 ] Wilkinson S P. A review of hypersonic boundary layer stability experiments in a quiet Mach 6 wind tunnel[R]. AIAA Paper 97-1819, 1997.
[ 5 ] Casper K M, Beresh S J, Henfling J F, et al. Hypersonic wind-tunnel measurements of boundary-layer pressure fluctuations[R]. AIAA Paper 2009-4054, 2009.
[ 6 ] Berridge D C. Measurements of second-mode instability waves in hypersonic boundary layers with a high-frequency pressure transducer[D]. West Lafayette: Purdue University, 2010.
[ 7 ] 解少飞.高超声速激波/转捩边界层干扰的现象、机理和效应研究[D].北京:中国航天空气动力技术研究院,2015.
[ 8 ] Shen Q, Li Q, Deng X G, et al. Numerical simulation of two-dimensional hypersonic boundary layer stability[R]. 1998, AIAA Paper-98-2484.
[ 9 ] 禹旻.超声速平板边界层扰动的非线性演化[D].天津:天津大学,2013.
[10] 禹旻.考虑曲率影响的高超声速边界层转捩机理研究[R].北京:中国航天空气动力技术研究院,2016.
[11] White F M. Viscous fluid flow[M]. 3rd edition. New York: McGraw-Hill, 2006.
[12] van Driest E R. Turbulent boundary layer in compressible fluid[J]. Journal of Aeronautical Sciences, 1951, 18: 145-160.
[13] 禹旻,袁湘江,朱志斌.高超声速壁湍流入口条件生成方法的比较[J].空气动力学学报,

2017,35(6):772-776.

[14] 黄章峰,周恒,罗纪生.超音速平板边界层湍流的直接数值模拟及分析[J].中国科学 G 辑,2006,36(1):46-58.

[15] 曹伟,黄章峰,周恒.超音速平板边界层转捩中层流突变为湍流的机理研究[J].应用数学和力学,2006,27(4):379-386.

[16] 董明,周恒.超声速钝锥湍流边界层 DNS 入口边界条件的研究[J].应用数学和力学,2008,29(8):893-904.

# 第 5 章

---------------------------------------------------

# 高超声速圆锥边界层

圆锥外形是轴对称飞行器的简化模型。与平板边界层相比,圆锥边界层上的转捩在实际工程中往往为复杂转捩现象,例如,圆锥边界层在小攻角下转捩现象也表现出某些复杂性。本章围绕高超声速圆锥边界层转捩进行介绍,目的是认识转捩的复杂性及其背后的物理机制,内容包括小攻角圆锥边界层非对称转捩现象的介绍、相关线性稳定性分析、扰动发展的非线性过程模拟,最后是风洞试验结果。

## 5.1　圆锥边界层转捩的攻角效应

圆锥边界层转捩的攻角效应是指在小攻角下转捩呈现非对称形式,一般而言,背风面转捩位置前移,迎风面转捩位置后移。该现象最早由 Stetson 等在 1966 年通过试验发现[1],如图 5.1 所示。

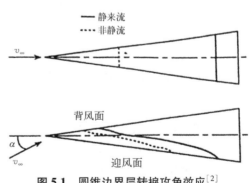

图 5.1　圆锥边界层转捩攻角效应[2]

该现象具有重要的工程应用价值。20 世纪 70 年代,美国高超声速战略导弹型号开始转向小型化机动弹头,并进而提出了高机动、强突防、精确打击等要求,但是,人们发现这类弹头存在明显的飞行不稳定问题[3],严重影响射程和打击精度,其根本原因正是圆锥边界层转捩的攻角效应所产生的非对称力和力矩。为解决这一问题,美国在 20 世纪 70~80 年代实施了针对圆锥外形边界层转捩和湍流的研究计划,开展了许多重要的工作,如 Stetson 主持开展的大量圆锥边界层高超声速小攻角地面风洞试验研究,获得了大量定性和定量结果;Dirling 提出了著名的 Dirling 准则等。这些工作最终有效解决了小型化弹头的飞行稳定性问题,为型号研制提供了重要技术支持。这也是湍流研究对型号支撑的范例之一。

鉴于该现象的重要性,人们从多个角度探索了它的物理机制,包括边界层厚度、横流效应、钝度效应等,相关工作可参阅文献[4]~文献[10]。下面主要介绍我们自己从稳定性方面开展的研究过程和取得的认识[11]。研究对象为头部半径 1 mm、半锥角 5°圆锥,具体参数和来流条件见表 5.1。

**表 5.1  圆锥外形几何参数及自由来流条件**

| 模 型 参 数 | |
| --- | --- |
| 半锥角/(°) | 5 |
| 长度/mm | $\approx 500$ |
| 底部直径/mm | $\approx 88$ |
| 头部半径/mm | 1 |
| 计 算 条 件 | |
| $Ma$ | 6 |
| 攻角/(°) | 0, 0.5, 1, 2 |
| $T$/K | 79.0 |
| 壁面温度/K | 294.0 |
| 单位雷诺数/m$^{-1}$ | $1.0 \times 10^7$ |

## 5.2  攻角对圆锥边界层基本流的影响

基本流控制方程见第 2 章,采用时空 2 阶精度的 NND 有限差分格式数值求解。计算域沿流向选取约 500 mm 长,外边界在弓形激波以外的位置,计算半模(周向 0°~180°),迎风子午面定义为 0°方位角,背风子午面为 180°方位角。计算网格在头部和壁面附近进行加密处理,以满足激波捕捉与稳定性分析时边界层内网格点数的要求。图 5.2 是基本流场计算网格示意图。

图 5.3 给出了攻角 1°和 2°下 $x/R_n = 200.9$ 截面流向速度云图,图 5.4 显示了不同方位角的流向速度剖面,图 5.5 是边界层位移厚度沿方位角的变化曲线,从

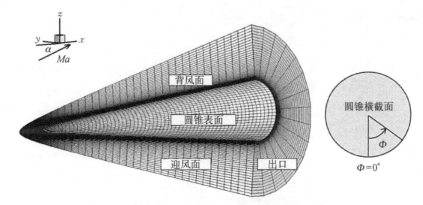

图 5.2　圆锥边界层稳定性分析基本流计算网格示意图

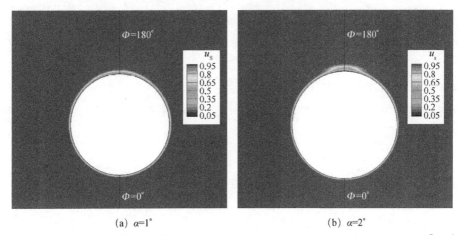

(a)　$\alpha=1°$　　　　　　　　　　　　　(b)　$\alpha=2°$

图 5.3　小攻角圆锥边界层流向截面流向速度云图($x/R_n=200.9$; $Ma=6$, $Re=1.0\times10^7\ \mathrm{m^{-1}}$)

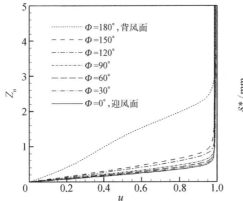

图 5.4　圆锥边界层流向速度剖面沿方位角变化曲线($Ma=6$, $Re=1.0\times10^7\ \mathrm{m^{-1}}$, $\alpha=2°$)

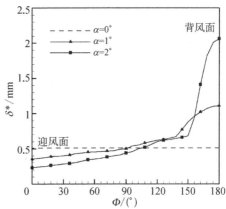

图 5.5　圆锥边界层位移厚度沿方位角变化($Ma=6$, $Re=1.0\times10^7\ \mathrm{m^{-1}}$)

这些图可以看到以下特征。

（1）迎风面边界层厚度变薄，速度型更加饱满，而背风面边界层厚度变厚。从截面流向速度的云图可以看出，从迎风子午面到背风子午面，流向速度由 0（壁面处）至无黏外流速度值的距离随着方位角的增大而不断增加，表明边界层厚度一直在变厚，特别是攻角 2°时，在方位角大约 150°的位置，其边界层厚度存在一个突然增厚的现象，攻角 1°时边界层厚度由迎风子午面变化至背风子午面相对要平缓一些。这些结果清晰地表明了圆锥边界层受小攻角影响后的变化规律。计算结果表明，攻角 2°时背风子午面位置的边界层厚度大约是迎风子午面相同位置的 9 倍，它必然对稳定性分析结果产生重要影响。

（2）迎风子午面和背风子午面中间区域产生三维横向流动，横流将低动量流体带到背风面，使中间区域流动产生了垂直于流向速度的一个横向速度。图 5.6 给出了攻角 1°和 2°圆锥锥体表面附近的流线图，可以看出横流对流线的影响，同时横流也是迎风面和背风面速度型改变的重要原因。图 5.7 则给出了攻角 1°和 2°时 $x/R_n$ = 200.9 位置不同方位角横流速度沿法向方向的变化，其横流速度最大值均出现在方位角 90°位置。攻角越大，相同位置的最大横流速度也越大。

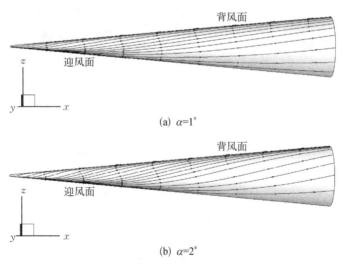

(a) $\alpha=1°$

(b) $\alpha=2°$

**图 5.6　圆锥壁面附近极限流线图**

上述分析表明，相对零攻角，即使很小的攻角也会使圆锥边界层厚度发生变化，流向速度型发生变化，产生垂直于流向速度的三维横流速度，通过 5.3 节稳定性分析后发现，这些改变均能显著影响边界层稳定性。

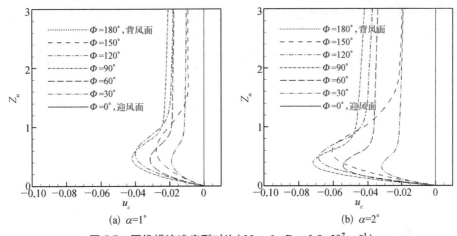

图 5.7　圆锥横流速度型对比 ( $Ma=6$ , $Re=1.0 \times 10^7$  $\mathrm{m}^{-1}$ )

## 5.3　圆锥边界层的线性稳定性分析

### 5.3.1　网格收敛性

首先需要研究网格密度对计算结果的影响,达到网格收敛,确保计算结果与网格无关。以攻角 $\alpha = 2°$ 工况为例,从流向、法向和周向 3 个方向对网格进行变化(表 5.2),对比不同网格下的基本流速度型以及扰动增长率和扰动频率曲线( $-\alpha_i - \omega$ 曲线)。

表 5.2　圆锥边界层稳定性分析网格收敛性研究所用网格数目

| 网　格 | 流　　向 | 法　　向 | 周　　向 |
| --- | --- | --- | --- |
| 1 | 101×31×201 | 151×31×101 | 151×16×201 |
| 2 |  | 151×31×201 |  |
| 3 | 301×31×201 | 151×31×301 | 151×61×201 |

图 5.8 为圆锥边界层不同流向网格数目下的速度剖面,流向网格数目分别是 101、151 和 301,可以看到,3 个网格数目下,速度型剖面几乎重合。图 5.9 为扰动增长率频率曲线,可以看到,网格数目 101 时与其他网格存在明显差别,尤其是在迎风面时差异较为明显,而网格数目 151 和 301 的结果基本重合。这两个结果表明,流向网格 151 时即可实现收敛。

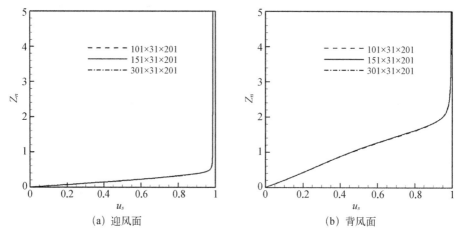

**图 5.8　圆锥边界层不同流向网格数目下的速度剖面**
($Ma=6$，$Re=1.0×10^7$ m$^{-1}$，$\alpha=2°$)

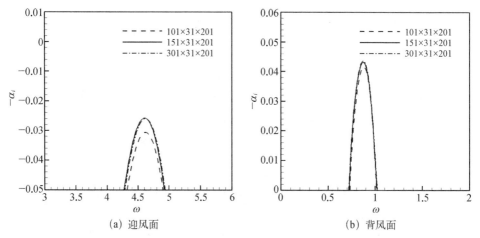

**图 5.9　圆锥边界层不同流向网格数目下扰动增长率−频率曲线**
($Ma=6$，$Re=1.0×10^7$ m$^{-1}$，$\alpha=2°$)

　　图 5.10 为圆锥边界层不同法向网格数目下的速度剖面,法向网格数目分别是 101、201 和 301,可以看到,3 个网格数目下,迎风面速度剖面几乎重合,背风面时网格数目 101 时存在差别,201 与 301 结果重合。图 5.11 为扰动增长率−频率曲线,可以看到,网格数目 101 时与其他网格存在明显差别,尤其是在迎风面时差异特别明显,而网格数目 201 和 301 的结果基本重合。这两个结果表明,法向网格 201 时即可实现收敛。

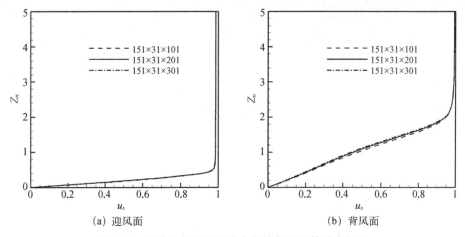

图 5.10　圆锥边界层不同法向网格数目下的速度剖面
（$Ma=6$, $Re=1.0\times10^7\ \mathrm{m}^{-1}$, $\alpha=2°$）

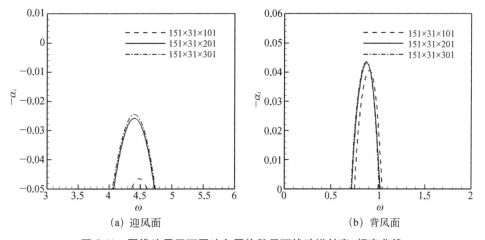

图 5.11　圆锥边界层不同法向网格数目下扰动增长率-频率曲线
（$Ma=6$, $Re=1.0\times10^7\ \mathrm{m}^{-1}$, $\alpha=2°$）

图 5.12 为圆锥边界层不同周向网格数目下的速度剖面,法向网格数目分别是 16、31 和 61,可以看到,3 个网格数目下,迎风面速度剖面几乎重合,背风面时网格数目 16 时存在差别,31 与 61 结果重合。图 5.13 为扰动增长率-频率曲线,可以看到,网格数目 16 时与其他网格存在明显差别,尤其是在迎风面时差异特别明显,而网格数目 31 和 61 的结果基本重合。这两个结果表明,周向网格 31 时即可实现收敛。

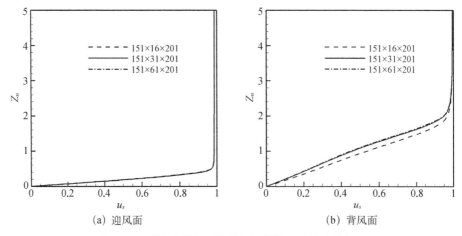

**图 5.12　圆锥边界层不同周向网格数目下的速度剖面**
（$Ma=6$，$Re=1.0\times10^{7}\ \mathrm{m^{-1}}$，$\alpha=2°$）

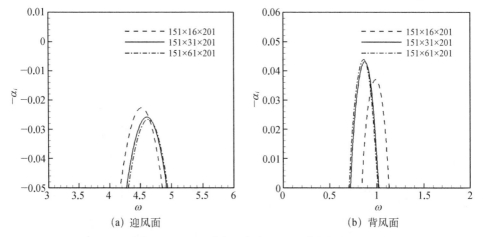

**图 5.13　圆锥边界层不同周向网格数目下扰动增长率-频率曲线**
（$Ma=6$，$Re=1.0\times10^{7}\ \mathrm{m^{-1}}$，$\alpha=2°$）

　　综合以上比较结果，可以看到网格数目 151×31×201 时基本流场收敛，可与网格无关，稳定性分析结果基本收敛，网格加密对结果影响不明显，后续分析均采用这一网格。

### 5.3.2　程序验证

　　为增强分析结果的可靠性和可信度，还需对程序进行验证。此次选取

Stetson 等[12]试验结果作为基准。Stetson 等在 AEDC 风洞 B 中采用热线技术开展了马赫数 8、攻角 0°的钝锥稳定性试验,具体模型参数与试验状态如表 5.3 所示。

表 5.3　Stetson 钝锥外形参数及试验条件

| 模　型　参　数 | |
| --- | --- |
| 半锥角/(°) | 7 |
| 长度/mm | 1 016 |
| 底部直径/mm | 249.5 |
| 头部半径/mm | 3.81 |
| 壁面温度/K | 绝热条件 |
| 自由来流条件 | |
| $Ma$ | 7.99 |
| 攻角/(°) | 0 |
| $P_0$/Pa | $4.0 \times 10^6$ |
| $T_0$/K | 750 |
| $P$/Pa | 410 |
| $T$/K | 54 |
| 密度/(kg/m³) | 0.002 7 |
| 单位雷诺数/m⁻¹ | $8.202 \times 10^6$ |

图 5.14 是沿锥体表面压力系数分布结果,可以看到,计算结果与 Stetson 试验和 Esfahanian[13] 计算结果符合很好。图 5.15 给出了 $s/R_n = 128$ 和 $s/R_n = 175$ 两个位置的速度型,本次计算和 Esfahanian 计算结果符合很好。这两个结果表明,基本流场求解是正确的,可为稳定性分析提供可靠的基本流场。

针对 $s/R_n = 175$ 位置开展线性稳定性分析。图 5.16 给出了扰动波增长率随频率的变化曲线,图中也列出了其他

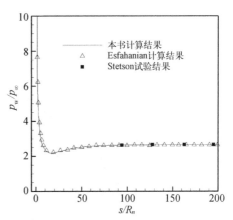

图 5.14　锥体压力系数分布对比
($Ma = 7.99$, $Re = 8.202 \times 10^6$ m⁻¹, $\alpha = 0°$)

计算结果,可以看到,分析结果与试验结果普遍存在差异,各分析结果之间也存在差异,本次分析最不稳定波频率为 136 kHz,增长率为 16.7,结果与其他分析工

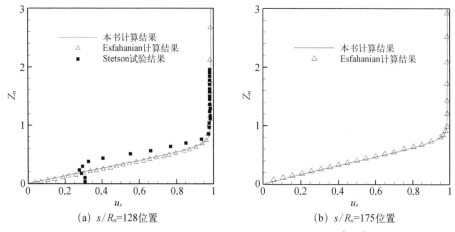

图 5.15　圆锥边界层速度型对比（$Ma=7.99$，$Re=8.202\times10^6$ m$^{-1}$，$\alpha=0°$）

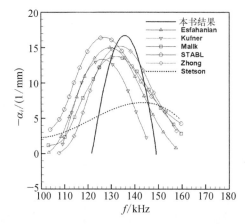

图 5.16　扰动增长率-频率曲线（$s/R_n=175$ 位置；
$Ma=7.99$，$Re=8.202\times10^6$ m$^{-1}$，$\alpha=0°$）

作对比如表 5.4 所示，比较接近。

表 5.4　最不稳定波频率和增长率对比

| 特 征 值 | 他人计算平均值 | 试 验 值 | 本书计算值 |
|---|---|---|---|
| 最不稳定波频率/kHz | 129 | 145 | 136 |
| 增长率/mm$^{-1}$ | 14.4 | 7.2 | 16.7 |

分析结果与试验结果存在差异的原因可能是，试验是在 AEDC-VKF-B 风

洞中开展的,该风洞为常规风洞,噪声级较大,试验中 $s/R_n$ = 175 位置的非线性作用已经不能忽略,超出了 LST 的适用范围。

### 5.3.3　线性稳定性分析结果

为解释圆锥边界层转捩的攻角效应,我们进一步分析小攻角下圆锥边界层流动稳定性特征。

图 5.17 为圆锥边界层背风面第一模态和第二模态扰动增长率随频率变化曲线,从中可以看到,第二模态扰动增长率比第一模态扰动增长率大 1~2 个量级,因此,第二模态扰动对圆锥边界层转捩影响更大。

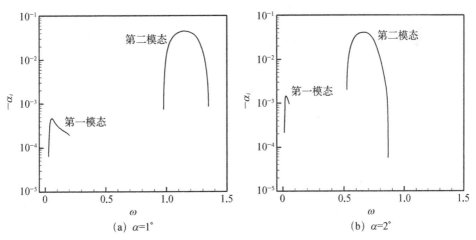

图 5.17　圆锥边界层背风面第一模态和第二模态扰动增长率随频率
变化曲线($x/R_n$ = 200.9; $Ma$ = 6, $Re$ = 1.0×10⁷ m⁻¹)

1. 对称子午面

1)第二模态不稳定波

分析结果表明,分析条件下圆锥边界层的第二模态扰动波的增长率比第一模态扰动波增长率大 1~2 个量级,在转捩中起主导作用,因此,首先分析攻角对第二模态扰动波的影响。

图 5.18 和图 5.19 分别给出了 1°和 2°攻角条件下流向不同位置处第二模态扰动波增长率随频率变化曲线,可以得到如下结论。

(1)迎风子午面和背风子午面开始出现不稳定波的位置不同,迎风子午面出现失稳的位置相比背风子午面要靠后。例如,攻角 2°时,迎风子午面出现不稳定扰动波的位置在 $x/R_n$ = 124.5 ~ 143.6,而背风子午面出现不稳定扰动波的

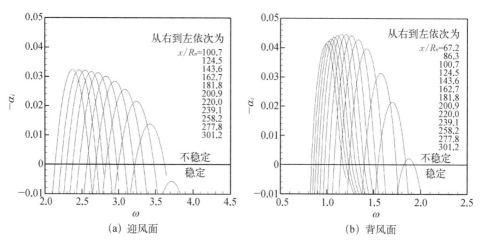

图 5.18 不同流向位置处第二模态扰动增长率随频率
变化曲线( $Ma=6$ ， $Re=1.0\times10^7\ \mathrm{m}^{-1}$ ， $\alpha=1°$ )

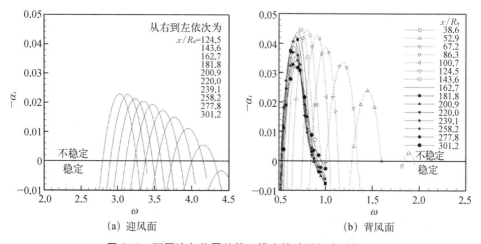

图 5.19 不同流向位置处第二模态扰动增长率随频率
变化曲线( $Ma=6$ ， $Re=1.0\times10^7\ \mathrm{m}^{-1}$ ， $\alpha=2°$ )

位置在 $x/R_n=38.6$ 之前。对应条件下，当攻角是 0°时，出现不稳定扰动波的位置大约为 $x/R_n=100.0$ ，因此，相比于零攻角，小攻角使得迎风子午面趋于稳定，背风面变得更不稳定。

（2）相同流向位置处，迎风子午面的最不稳定波增长率要明显小于背风子午面，这同样表明，背风子午面的速度型更不稳定。

（3）迎风子午面和背风子午面的不稳定波频率范围存在较大差异。迎风子午面频率范围要高于背风子午面频率范围,而且随着攻角增大以及流向位置的前移,迎风子午面不稳定波对应的频率逐渐向更高频率靠近,这表明,迎风子午面主要是高频波在起作用。而背风子午面则向更低频率靠近。

图 5.20 和图 5.21 分别给出了攻角 1°和 2°条件下流向不同位置第二模态不稳定波波数随频率变化的曲线。可以看出,不稳定扰动波的波数与频率基本上呈线性关系,且相对而言,迎风面扰动波波数大于背风面扰动波波数,且扰动波波长更小。

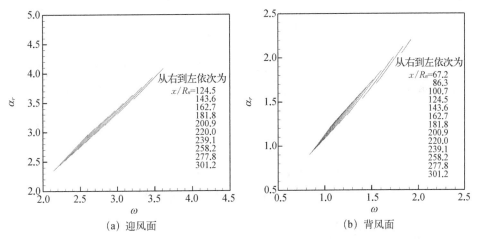

图 5.20　不同流向位置处第二模态扰动波数随频率
变化曲线($Ma=6$, $Re=1.0\times10^7$ m$^{-1}$, $\alpha=1°$)

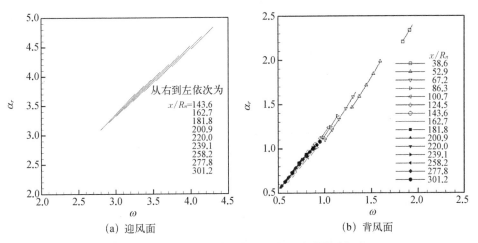

图 5.21　不同流向位置处第二模态扰动波数随频率
变化曲线($Ma=6$, $Re=1.0\times10^7$ m$^{-1}$, $\alpha=2°$)

图 5.22 和图 5.23 分别给出了攻角 1° 和 2° 条件下流向不同位置第二模态不稳定波相速度随频率变化曲线。可以看出,相速度基本在 0.9 附近,在迎风子午面,扰动相速度随着频率增加会单调减小,背风子午面靠前几个位置的规律与迎风子午面一样,但当流向位置靠后时(大约在 $x/R_n = 100.7$ 之后),相速度随着频率先减小后增加,呈非单调变化。

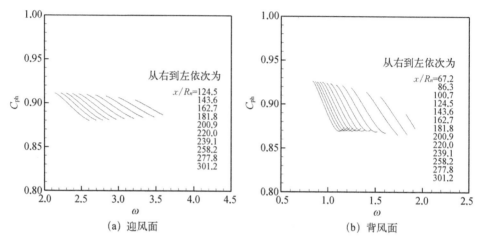

**图 5.22** 不同流向位置处第二模态扰动相速度随频率
变化曲线($Ma = 6$, $Re = 1.0 \times 10^7 \text{ m}^{-1}$, $\alpha = 1°$)

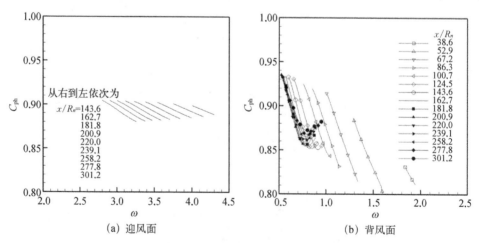

**图 5.23** 不同流向位置处第二模态扰动相速度随频率
变化曲线($Ma = 6$, $Re = 1.0 \times 10^7 \text{ m}^{-1}$, $\alpha = 2°$)

综上可知,在小攻角条件下,圆锥边界层迎风面和背风面稳定特性存在很大区别,总的来说,小攻角使迎风面变得更稳定,使背风面变得更不稳定,这与转捩攻角效应一致,因此我们认为,流动稳定性的改变是圆锥边界层转捩攻角效应的内在机制。

2) 第一模态不稳定波

同样,小攻角对圆锥边界层第一模态扰动在迎风面具有稳定效应,在背风面具有不稳定效应。

图 5.24 为 0°攻角圆锥边界层第一模态扰动增长率随频率变化曲线,可以看到,第一模态波同时存在多支失稳模式。在 $x/R_n = 100.7$ 位置存在 4 个分支失稳模式,mod3 与 mod5 属于同 1 分支,这 4 个分支均属稳定模式。而在 $x/R_n = 200.9$ 位置,mod3 和 mod4 两个分支存在不稳定频段。因此,可以认为,随着流向位置增加,第一模态不同分支的不稳定波会出现,同时也可看到,其增长率远小于第二模态不稳定扰动。

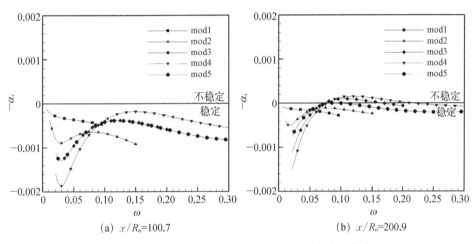

(a) $x/R_n=100.7$　　　　　　　(b) $x/R_n=200.9$

**图 5.24　不同流向位置处第一模态扰动增长率随频率变化曲线($Ma=6$, $Re=1.0\times10^7\ \mathrm{m}^{-1}$, $\alpha=0°$)**

图 5.25 和图 5.26 分别给出了攻角 1°和 2°条件下 $x/R_n = 200.9$ 位置迎风子午面和背风子午面的第一模态不稳定波增长率随频率变化结果。可以看出:迎风面第一模态扰动增长率基本小于 0,相比较而言,攻角增加,扰动的增长率更小,更加稳定。背风面情形相反,存在不稳定扰动,且攻角增加,扰动增长率更大,变得更不稳定。

可以看到,攻角对第一模态扰动和第二模态扰动的影响趋势是一样的。

2. 其他子午面

1) 第二模态不稳定波

图 5.27、图 5.28 和图 5.29 分别给出了 $x/R_n = 100.7$、200.9 和 301.2 三个流

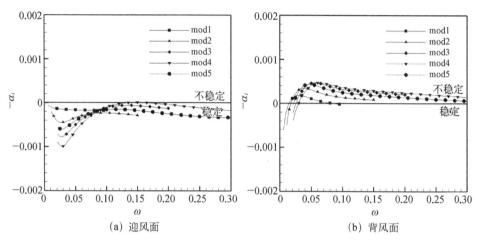

**图 5.25  圆锥边界层第一模态扰动增长率随频率变化曲线**
($x/R_n = 200.9$, $Ma = 6$, $Re = 1.0 \times 10^7 \ \text{m}^{-1}$, $\alpha = 1°$)

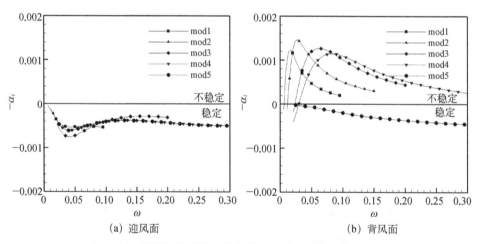

**图 5.26  圆锥边界层第一模态扰动增长率随频率变化曲线**
($x/R_n = 200.9$, $Ma = 6$, $Re = 1.0 \times 10^7 \ \text{m}^{-1}$, $\alpha = 2°$)

向截面处不同子午线上第二模态扰动增长率随频率变化曲线。

（1）对于 $x/R_n = 100.7$ 截面,除背风子午面及靠近它的子午面区域,其他子午面的流动均是稳定的,不存在不稳定的扰动波;而 $x/R_n = 200.9$ 和 301.2 两个截面,所有子午面均存在不稳定扰动波,且随着流向位置增加,背风子午面与迎风子午面之间的增长率差异在逐渐变小。

（2）不稳定波的最大增长率沿周向分布并不是单调变化的,方位角在 0°~ 90°时,其不稳定波最大增长率随着方位角的增大而增大,而方位角进一步增大时,背风区则出现了一个不稳定波最大增长率明显较低的区域,对比图 5.3,变化位置对应于边界层厚度陡增的位置。

（3）随着方位角的增加,最不稳定波的频率逐渐减小,到背风子午面时,对应频率最小。

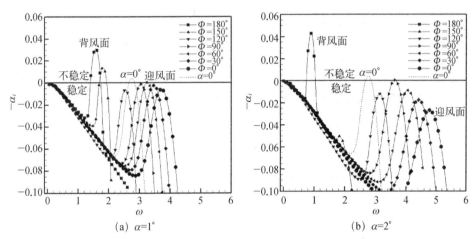

图 5.27　圆锥边界层不同子午线上第二模态扰动增长率随频率变化曲线
（ $x/R_n = 100.7$, $Ma = 6$, $Re = 1.0 \times 10^7$ m$^{-1}$ ）

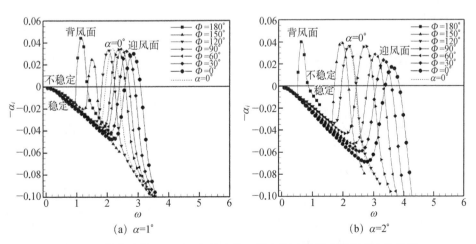

图 5.28　圆锥边界层不同子午线上第二模态扰动增长率随频率变化曲线
（ $x/R_n = 200.9$, $Ma = 6$, $Re = 1.0 \times 10^7$ m$^{-1}$ ）

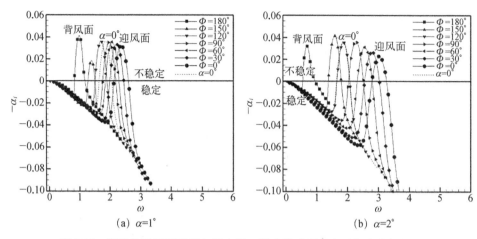

图 5.29　圆锥边界层不同子午线上第二模态扰动增长率随频率变化曲线
（$x/R_n = 301.2$，$Ma = 6$，$Re = 1.0×10^7 \, \mathrm{m}^{-1}$）

从迎风子午面到背风子午面,第二模态波增长率沿方位角变化存在一个增长率较低的凹陷区域,凹陷区域所对应的方位角如表 5.5 所示,基本在 150° 附近。

表 5.5　不稳定波最大增长率较低区域与方位角对应关系

| 攻角 | $x/R_n = 100.7$ | $x/R_n = 200.9$ | $x/R_n = 301.2$ |
| --- | --- | --- | --- |
| 1° | 120°~150° | ≈150° | ≈150° |
| 2° | ≈150° | >150° | >150° |

对凹陷区域每个子午面(实际上是基本流场计算时的周向最小网格间隔,为 6°)进行稳定性分析,获得更多子午面的最不稳定波分析结果。图 5.30 给出了圆锥边界层最不稳定波增长率随方位角变化曲线,可以看出凹陷部分增长率的极小值点随着攻角和方位角的变化而变化,极小值点对应的方位角沿流向逐渐向背风子午面靠近,攻角增加,其极小值点越靠近背风子午面。在攻角 2° 时,其极小值点出现的方位角是 168°。这一现象表明,在靠近背风子午面的位置存在增长率很小的区域。这或许可以解释 Dicristina[14] 边界层转捩试验曲线在背风面出现拐折的现象。凹陷区域的不稳定波增长率要明显低于两侧,而且凹陷区靠近背风子午面区域,其主导频率较低,此时长波起主要作用。因此,可以认为凹陷区是低频波和高频波起作用的分界区域。

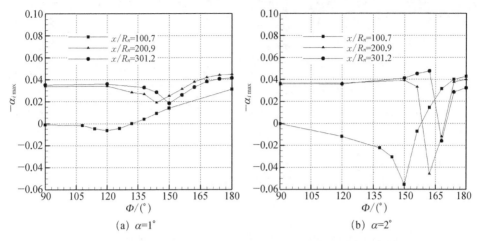

图 5.30　圆锥边界层第二模态最不稳定扰动增长率随方位角的
变化曲线($Ma = 6$, $Re = 1.0 \times 10^7\ \text{m}^{-1}$)

2）第一模态不稳定波

图 5.31 给出了攻角 1°和 2°条件下 $x/R_n = 100.7$ 截面处不同子午线第一模态波增长率随频率变化曲线,可以看到,除背风子午线存在不稳定扰动外,其他子午线上不存在不稳定扰动。随着往下游移动,背风面附近的子午线上开始出现不稳定扰动,如图 5.32 和图 5.33 所示。同时可以看到,攻角越大,背风面与迎风面的差异越大。

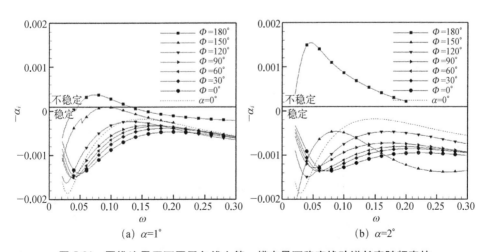

图 5.31　圆锥边界层不同子午线上第一模态最不稳定扰动增长率随频率的
变化曲线($x/R_n = 100.7$, $Ma = 6$, $Re = 1.0 \times 10^7\ \text{m}^{-1}$)

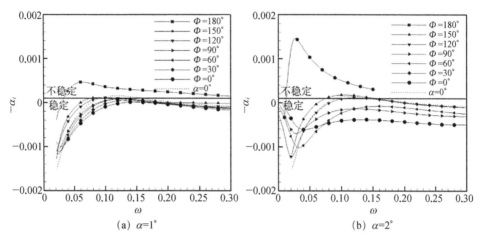

图5.32　圆锥边界层不同子午线上第一模态最不稳定扰动增长率随频率的
变化曲线($x/R_n = 200.9$, $Ma = 6$, $Re = 1.0 \times 10^7$ $\mathrm{m}^{-1}$)

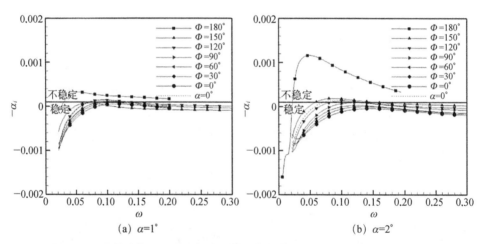

图5.33　圆锥边界层不同子午线上第一模态最不稳定扰动增长率随频率的
变化曲线($x/R_n = 301.2$, $Ma = 6$, $Re = 1.0 \times 10^7$ $\mathrm{m}^{-1}$)

## 5.4　圆锥边界层扰动的非线性过程模拟

线性稳定性分析揭示了圆锥边界层转捩攻角效应的部分机制,但不是全部。事实上,对于边界层转捩而言,非线性过程更为关键,接下来介绍圆锥边界层扰动的非线性过程模拟,进一步解释圆锥边界层转捩攻角效应发生的内在机制。

### 5.4.1　计算模型

首先采用 NND 格式获得攻角 0.5° 条件下圆锥的定常基本流场,沿流向截取一段流场,截取区间从 $x/R_n = 300.0$ 至 $x/R_n = 401.4$,而后进行网格和流场的加密处理进行扰动模拟。扰动模拟的计算域如图 5.34 所示,分别选取背风面和迎风面局部区域开展计算。计算域的选取要求包含一定数量的扰动波,同时每个波内又包含能够描述波动特性的网格数目。迎风子午面不稳定扰动波波长短,因此,相同计算域内包含更多数目的扰动波,因此,流向网格间距更小,网格数目需求更大。通过试算和对比,流向截取区间大约为 100 个头部距离,流向网格间距为 $\Delta x = 0.2$。

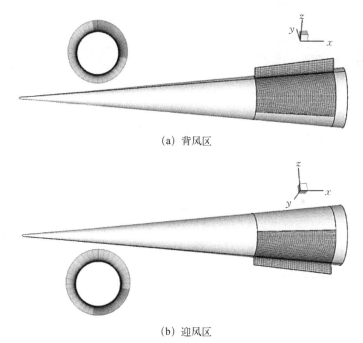

(a) 背风区

(b) 迎风区

**图 5.34　扰动演化直接数值模拟计算域与网格示意图**

背风面计算的周向网格在 $\Phi = 80° \sim 180°$ 和 $\Phi = 180° \sim 190°$ 进行加密处理,加密区域周向每 0.5° 一个网格,其他区域周向每 10° 一个网格。法向网格采用指数拉伸,与定常流场计算时一致。背风面扰动流场计算网格为 $508 \times 246 \times 81$。

迎风面计算的周向网格在 $\Phi = 0° \sim 80°$ 和 $\Phi = 350° \sim 360°$ 进行加密处理,方法与背风区相同。迎风区形成的扰动流场计算网格是 $508 \times 208 \times 81$。

入口为来流边界,基本流为计算获得的剖面。入口引入不稳定扰动,扰动为

二维组合扰动,形式如下:

$$v'_n = \varepsilon \sum_{1}^{11} (\omega_i t) \tag{5.1}$$

其中, $\varepsilon$ 为振幅,取为 $1 \times 10^{-2}$ ; $\omega_1 = 1.4$, $\omega_i = \omega_1 + 0.1(i-1)$ ,尽管迎风区和背风区分别进行计算,但引入的扰动形式一样。不稳定波扰动频率取自线性稳定性分析结果。

出口为外推边界条件;壁面为无滑移条件,等温壁,即扰动温度为 0;外边界远场扰动速度和扰动温度也设为 0,压力通过线性外推获得;背风子午面上采用对称边界条件。

采用并行计算,计算域在流向方向分成 8 段,构成 8 个子区,各子区分布在各计算节点进行计算。计算时间步长 $\Delta t = 0.001$ ,总共计算 $2 \times 10^5$ 步,此时,扰动在计算域完全发展。

### 5.4.2 扰动波发展演化过程

图 5.35 是圆锥边界层 $t = 200$ 时刻的瞬时压力等值线图,可以看到: ① 所引

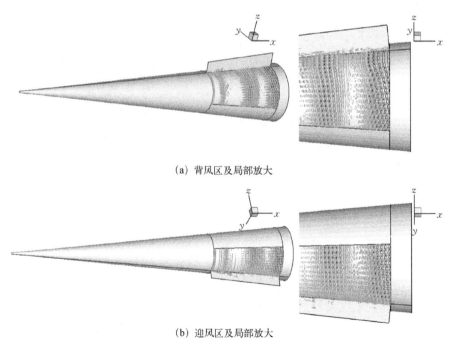

(a) 背风区及局部放大

(b) 迎风区及局部放大

图 5.35 圆锥边界层扰动瞬时压力等值线图( $t = 200$, $Ma = 6$, $Re = 1.0 \times 10^7 \text{ m}^{-1}$, $\alpha = 0.5°$ )

入的不稳定扰动波在背风区和迎风区并不是单调增长的,其发展演化经历了增长—衰减—再增长—再衰减等相互交替的发展过程;② 二维扰动波在向下游的发展过程中产生了沿周向的三维波,这种三维波在空间上并不是与流向垂直,而是形成了一定的倾斜角。

图 5.36 给出了圆锥边界层不同时刻的瞬时压力等值线图,无量纲时间 $t = 220 \sim 280$,时间间隔 $\Delta t = 20$。 可以看出,不同频率扰动形成了“波群”结构,其特征从图 5.37 中曲线可以看得更清楚。波群整体的扰动幅值沿下游增大。相比较而言,入口扰动幅值一样,但往下游发展,背风子午面的扰动幅值超过迎风子午面,在计算域出口附近两者相差近 1 倍,这一结果表明,扰动波在背风区和迎风区的发展存在不对称性,背风区的增长速度要快于迎风区,与线性稳定性分析结果一致。

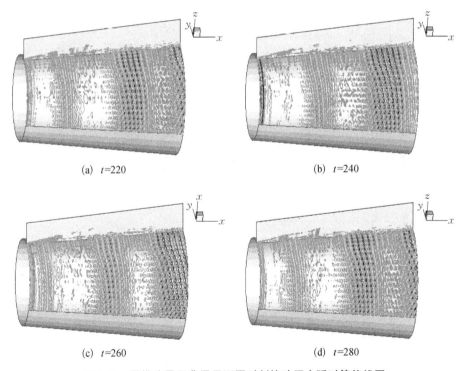

(a) $t=220$            (b) $t=240$

(c) $t=260$            (d) $t=280$

**图 5.36 圆锥边界层背风区不同时刻扰动压力瞬时等值线图**
( $Ma = 6$, $Re = 1.0 \times 10^7 \text{ m}^{-1}$, $\alpha = 0.5°$ )

如果监测空间一点的压力扰动,如图 5.38 所示,可以看到多频扰动形成了“拍”,这是由于入口多频扰动频率差(0.1)远小于频率和(3 左右)所形成的,

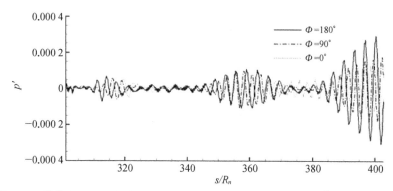

图 5.37  圆锥边界层压力扰动沿程变化曲线($Ma=6$,$Re=1.0\times10^7$ m$^{-1}$,$\alpha=0.5°$)

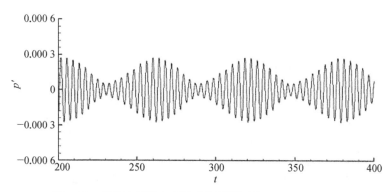

图 5.38  圆锥边界层多频扰动的"拍"现象($x/R_n=400.0$,
$Ma=6$,$Re=1.0\times10^7$ m$^{-1}$,$\alpha=0.5°$)

"拍"的无量纲周期约为 60,拍频约为 0.016 7。

### 5.4.3  条纹失稳现象

从图 5.38 可以看到,每个空间点的扰动随时间变化,但是,当我们提取扰动量所有时刻中最大幅值,然后看每个点最大幅值的空间分布,可以得到图 5.39 和图 5.40,很有意思的是,结果呈现为"条纹"结构,这种条纹结构首先出现在背风面,迎风面最后出现,也呈现出一种非对称性,与圆锥边界层转捩攻角效应一致,表明扰动的这种空间演化与转捩攻角效应之间存在某种关联。我们在 2010 年通过计算首先获得了这种"条纹"结构[15],现在则有更多工作,包括计算和试验也都发现了这种"条纹"结构。但总的来说,这种特殊的流动结构对圆锥边界层转捩的影响仍需深入研究。

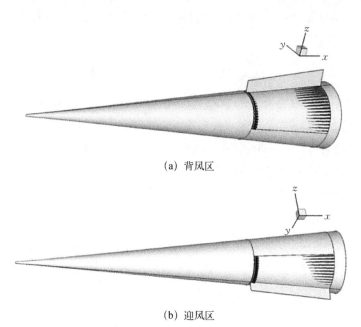

(a) 背风区

(b) 迎风区

**图 5.39**　圆锥边界层表面压力扰动时间历程中最大幅值等值线图
（$Ma=6$, $Re=1.0\times10^7\,\mathrm{m}^{-1}$, $\alpha=0.5°$）

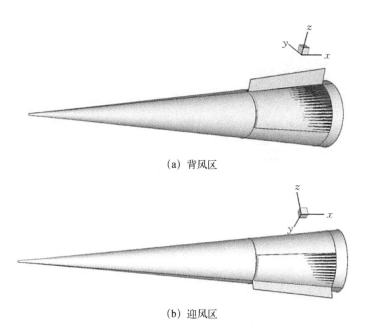

(a) 背风区

(b) 迎风区

**图 5.40**　圆锥边界层表面速度扰动时间历程中最大幅值等值线图
（$Ma=6$, $Re=1.0\times10^7\,\mathrm{m}^{-1}$, $\alpha=0.5°$）

为验证上述条纹结构结果的合理性和正确性,我们开展了数值计算。

考虑二维行波:

$$u(x, y) = \sin(\lambda_i \cdot x + t) \cdot \exp\left[-100(y - y_i)^2\right] \cdot \exp(0.5x) \qquad (5.2)$$

其中,$\lambda_i$ 是不同波的波长;$x$ 和 $y$ 分别是流向和法向坐标;$t$ 是时间变量;$y_i$ 是波的法向位置。$i$ 取 1~7 自然数,$\lambda_1 = 28$,$\lambda_2 = 29$,$\cdots$,$\lambda_7 = 34$,分别对应于不同的法向位置 $y_i = 0.07$、$0.21$、$0.35$、$0.50$、$0.64$、$0.79$、$0.93$($i = 1, 2, \cdots, 7$)。图 5.41 显示了不同频率行波叠加之后形成的幅值云图,图 5.42 是不同频率行波叠加之后每个空间点最大幅值的云图,可以看到形成了类似的条纹结构。这一实验表明,圆锥边界层上的扰动条纹结构实际上是多波作用的结果。

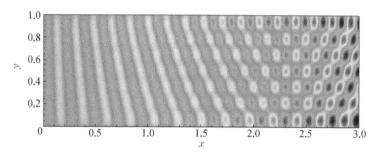

**图 5.41** $x$–$y$ 平面不同频率行波叠加形成的幅值云图

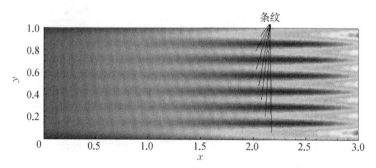

**图 5.42** $x$–$y$ 平面不同频率行波叠加形成的条纹结构

## 5.5 风洞试验结果

在 FD-20 风洞和 FD-07 风洞中对圆锥边界层转捩攻角效应开展了测量。FD-20 风洞测试模型是头部半径为 1 mm 圆锥,总长 600 mm,半锥角 5°,首先对数据的可靠性进行检查,然后介绍平均热流和脉动热流的特征。FD-07 风洞测试模型是头部半径为 1.6 mm 圆锥,总长 476 mm,半锥角为 7°,介绍近期采用红外热图技术捕捉到了模型表面的条纹结构特征。

### 5.5.1 试验数据可靠性检查

首先是试验数据平稳性检查。图 5.43 给出了第 391 车次试验时采集到的原始电压信号曲线,第 1 和第 2 行曲线为总压曲线,后面 8 行为采集器不同通道的热流信号曲线,可以看到,在 25~35 ms 时间段内,总压和热流信号曲线基本平稳,表明这一时间段内的流动基本平稳,该时间段内的信号数据信噪比高,可以用于物理现象的研究。

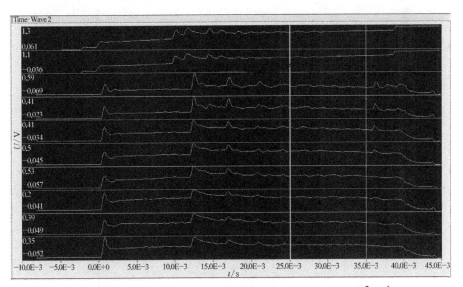

**图 5.43 采集的总压和热流信号曲线($0°$母线,$Ma=6$,$Re=1.24\times10^7\ \mathrm{m^{-1}}$,$\alpha=4°$)**

其次是试验数据的重复性。可重复性是试验数据质量的一个重要评价指标,实际上,不可重复的试验数据没有太大意义。图 5.44 给出了 0°攻角时 3 个不同车次 0°母线的热流系数曲线,3 个不同车次对应于 3 个不同批次的传感器以及 3 个不同的测试通道,可以看到,测试数据具有较好的可重复性,转捩起始位置的重复性误差在±10%以内。

最后是试验数据的对称性。因为本试验重在研究圆锥边界层转捩的攻角效应,因此,作为基准的 0°攻角数据应该具有很好的对称性,避免对有攻角时的试验数据的干扰。图 5.45 为 0°攻角时 0°、90°和 180°母线的热流系数,可以看到,

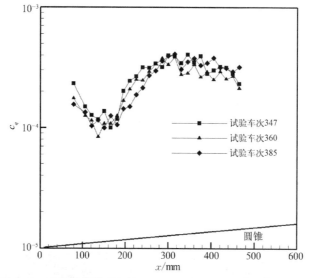

图 5.44 试验数据的重复性( $Ma=6$ , $Re=1.0\times10^7$ m$^{-1}$ , $\alpha=0°$ )

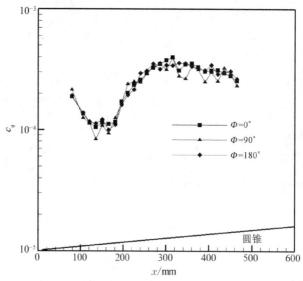

图 5.45 不同子午面热流率系数对比( $Ma=6$ , $Re=1.0\times10^7$ m$^{-1}$ , $\alpha=0°$ )

三条母线热流率吻合较好,表明风洞流场及模型安装满足对称性要求,因此,在圆锥预置攻角时,试验结果能够反映攻角对转捩结果的影响。

### 5.5.2 小攻角下圆锥边界层转捩线

圆锥头部半径 1 mm,来流总压 2.43 MPa,总温 680 K,单位雷诺数 1.24×

$10^7 \mathrm{~m}^{-1}$。从 $0°$ 开始到 $180°$ 结束,基本上每隔 $45°$ 布置一条测线。而在 5.3 节中曾经发现,在 $150° \sim 160°$ 子午线附近扰动增长率分布存在凹陷,因此,专门在 $165°$ 子午线上增加一条测线,总计 6 条试验测线。在流向,测点间距约 16 mm。图 5.46 为圆锥边界层转捩测量结果,可以看到,热流曲线的规律性非常好,圆锥边界层转捩线形态与图 5.1 展示的形态一致,不论是转捩起始线还是转捩峰线,均是背风面靠前,迎风面靠后,并在周向单调变化。

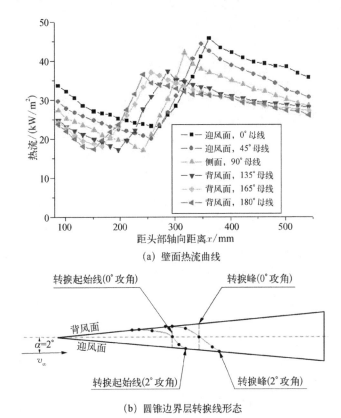

(a) 壁面热流曲线

(b) 圆锥边界层转捩线形态

**图 5.46　圆锥边界层转捩测量结果($R_n = 1 \mathrm{~mm}$, $Ma = 6$, $Re = 1.24 \times 10^7 \mathrm{~m}^{-1}$, $\alpha = 2°$)**

此前还测试过头部半径为 5 mm 的圆锥边界层,来流总压 2.7 MPa,总温 645 K,单位雷诺数 $1.49 \times 10^7 \mathrm{~m}^{-1}$,但是,试验测线只有 $0°$、$90°$ 和 $180°$ 三条母线。所得到的试验结果与头部半径 1 mm 的圆锥边界层趋势相同。但必须说明的是,由于在周向测线间隔较大,很可能未分辨出转捩线沿周向的变化。事实上,圆锥头部钝度对转捩的影响是另一个重要问题,但是,由于我们未开展系统研究,本书不予介绍,感兴趣的可以参考文献[6]和文献[7]。

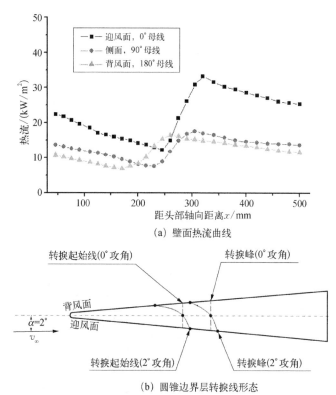

（a）壁面热流曲线

（b）圆锥边界层转捩线形态

**图 5.47  圆锥边界层转捩测量结果（$R_n = 5$ mm, $Ma = 6$, $Re = 1.24 \times 10^7$ m$^{-1}$, $\alpha = 2°$）**

0°、2°和4°攻角转捩起始位置和结束位置如表 5.6 所示，但有两点需要补充说明：① 对于试验来说，试验测点在流向存在较大间距，流向间距的大小决定了空间分辨率，因此试验结果并不能准确捕捉热流的极小值和极大值；② 转捩本身是一个非线性和非定常过程，单一的转捩位置实际上是一个平均概念。从第②点来说，或许，关于转捩和试验结果的比对这一命题本身就存在问题。

**表 5.6  小攻角条件下圆锥边界层转捩位置判读结果**

| 攻 角 | 转捩起始位置 $x_{tr, s}$/mm | 转捩结束位置 $x_{tr, e}$/mm | 转捩区域长度 $(x_{tr, e} - x_{tr, s})$/mm |
|---|---|---|---|
| $\alpha = 0°$ | 171 | 305 | 134 |
| $\alpha = 2°$ 迎风面 | 210 | 340 | 130 |
| $\alpha = 2°$ 背风面 | 132 | 258 | 126 |
| $\alpha = 4°$ 迎风面 | 240 | 437 | 197 |
| $\alpha = 4°$ 背风面 | 105 | 225 | 120 |

### 5.5.3　脉动热流信号的特征

图 5.48 给出了未经滤波处理高频采集器的脉动热流的原始采集信号曲线(第 2~7 行),可以看出,未经滤波处理的脉动热流原始电压信号与平均热流原始信号存在明显的不同,显示了脉动特征。通过与平均热流对比,边界层处于层流、转捩和湍流流动状态中的脉动信号具有不同特征。层流流动中,信号存在少量尖峰特征;当流动处于转捩过程中,尖峰较多,脉动幅值较大;湍流流动中,转捩过程中出现尖峰特征逐渐消失,流动趋于稳定,但其信号值较大。

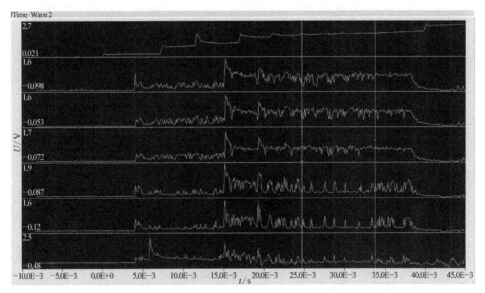

**图 5.48　热流脉动信号曲线( 180°母线, $Ma=6$, $Re=1.24\times10^7\ \mathrm{m}^{-1}$, $\alpha=0°$ )**

上述特征从图 5.49 可以看得更加清楚。不妨把这些信号与扰动演化的非线性过程(5.4 节)对应分析。上游测点在整个测试时间内,尖峰信号很少,可以推断,它们由失稳结构扫掠引起,上游增长起来的扰动波频率较为单一,以一定周期扫掠测试点;往下游,其他频率扰动的幅值逐渐增大,依次扫掠测试点,每个扰动波都会引起热流信号强弱变化,但由于非线性作用较弱,扰动波的调制作用较弱,信号具有线性叠加效果;再往下游,非线性作用增强,扰动波相互调制,出现非线性引起的信号峰值;最后,扰动信号表现为高频脉动,幅值较为稳定,这是边界层流动进入湍流的表现。脉动热流信号的这种变化与流态密切相关,因此,亦可根据脉动信号特征来判读流态。

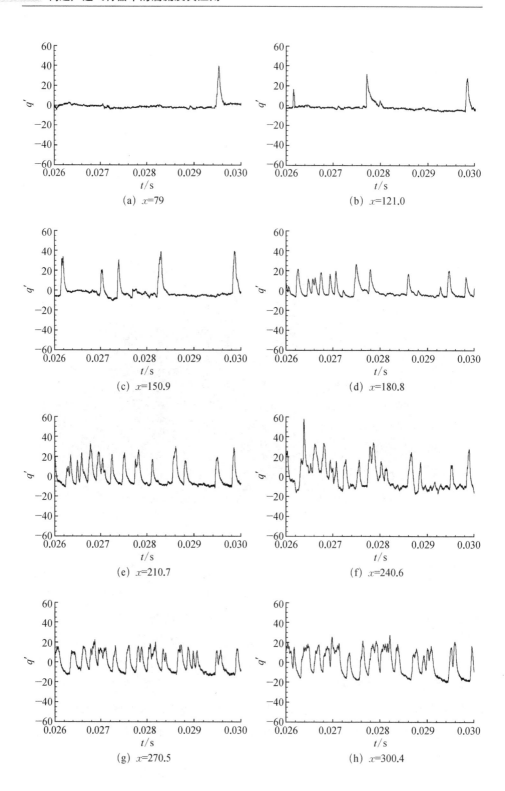

(a) $x=79$

(b) $x=121.0$

(c) $x=150.9$

(d) $x=180.8$

(e) $x=210.7$

(f) $x=240.6$

(g) $x=270.5$

(h) $x=300.4$

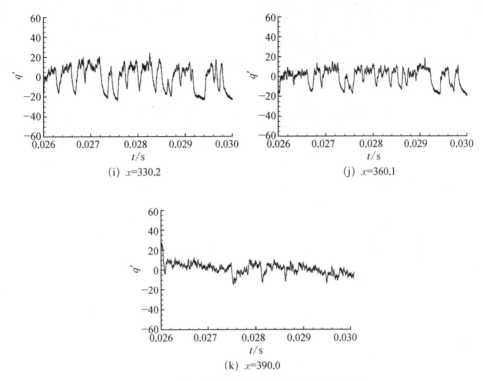

(i) $x$=330.2　　(j) $x$=360.1

(k) $x$=390.0

图 5.49　不同测点上的热流脉动信号随时间变化曲线
（0° 母线，$Ma$=6，$Re$=1.24×10⁷ m⁻¹，$\alpha$=0°）

图 5.50 对比了相邻测点的热流脉动信号，可以看到：测点 1 和测点 2 尖峰信号对应，曲线存在某种平移相似性，这恰恰是行波具有的特征；测点 5 和测点 6 也具有某种相似性，但表现为波包的平移特征。这种信号之间的空间相关性再次表明，热流脉动信号与流动结构之间的对应关系，也表明流动结构对热流输运的主控作用。

图 5.51 细致比较了攻角 2° 条件下圆锥边界层迎风面和背风面脉动热流信号。可以看到：背风面首先出现尖峰信号，即首先出现不稳定扰动［对比图 5.51（a1）和（a2）］；在转捩阶段，背风面脉动热流的幅值高于迎风面，表明扰动增长率更大；背风面更早进入湍流状态［对比图 5.51（h1）和（h2）］。这同样表明，背风面转捩提前，迎风面转捩延迟，与平均热流测试结果一致。

### 5.5.4　表面条纹结构

圆锥模型共分为三段：钢制头部、PEEK 材质中段和钢制模型底座。为了保

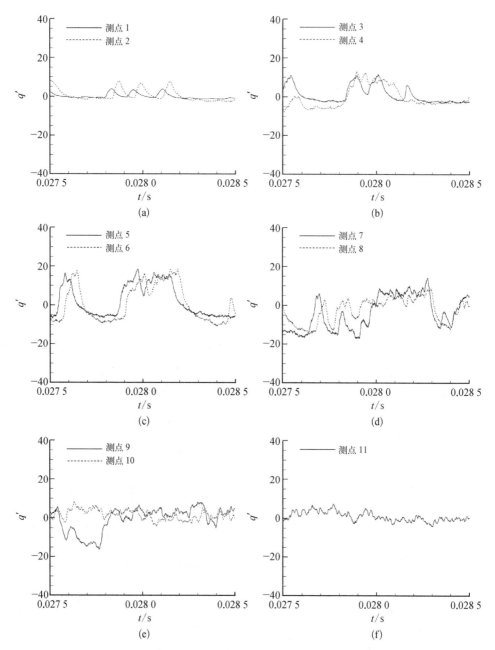

图 5.50  相邻测点热流脉动信号的空间相关性(背风子午线，
$Ma=6$, $Re=1.24\times10^7$ m$^{-1}$, $\alpha=2°$)

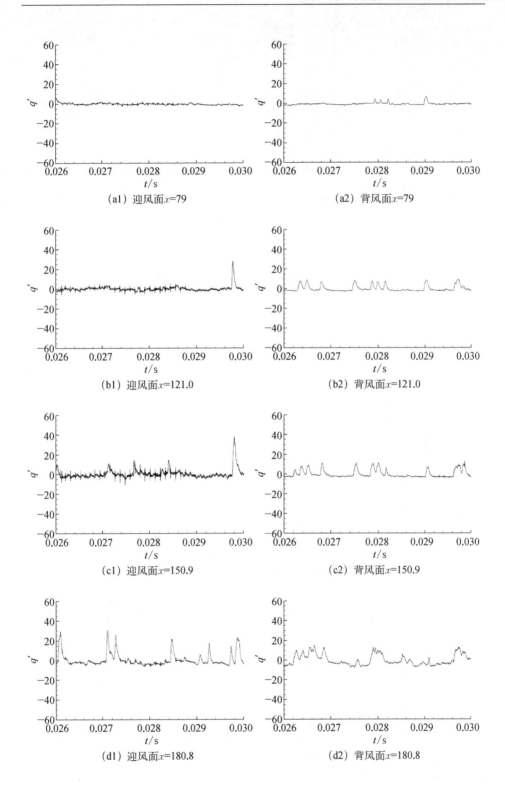

(a1) 迎风面 $x$=79

(a2) 背风面 $x$=79

(b1) 迎风面 $x$=121.0

(b2) 背风面 $x$=121.0

(c1) 迎风面 $x$=150.9

(c2) 背风面 $x$=150.9

(d1) 迎风面 $x$=180.8

(d2) 背风面 $x$=180.8

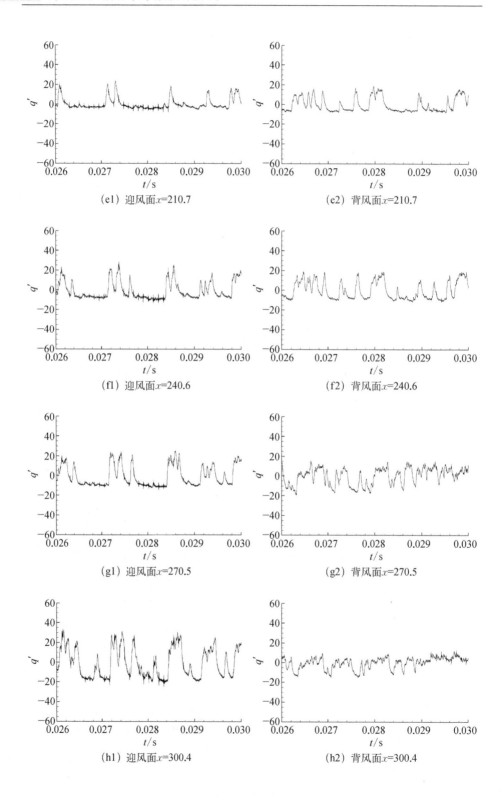

(e1) 迎风面 $x=210.7$

(e2) 背风面 $x=210.7$

(f1) 迎风面 $x=240.6$

(f2) 背风面 $x=240.6$

(g1) 迎风面 $x=270.5$

(g2) 背风面 $x=270.5$

(h1) 迎风面 $x=300.4$

(h2) 背风面 $x=300.4$

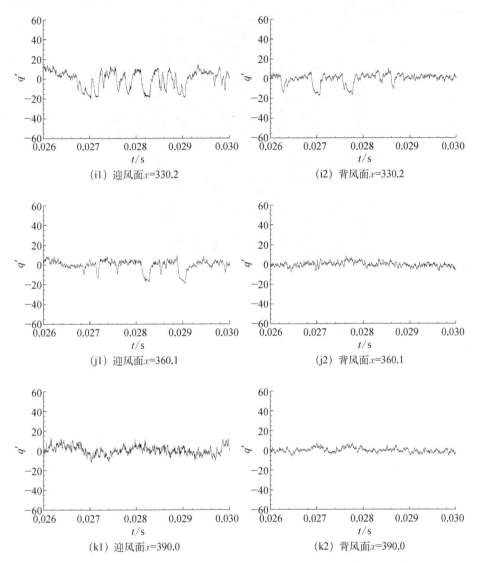

图 5.51  不同测点上的热流脉动信号随时间变化曲线迎背风面对比
( $Ma=6$ , $Re=1.24\times10^7$ m$^{-1}$ , $\alpha=2°$ )

证模型强度和刚度,模型头部、内芯与底座采用 30CrMnSi 制成,为了满足红外热像仪的拍摄需求,模型中段采用发射率高导热系数低的 PEEK 材料制成。风洞试验条件为: $Ma=7.97$ ,单位雷诺数 $1.5\times10^7$ m$^{-1}$ ,攻角 0°~7°。图 5.52 是圆锥模型在风洞中的安装照片。

试验过程如下:风洞试验前,模型表面温度为室温。风洞开启后,红外热像

**图 5.52　圆锥模型在风洞中的安装照片**

仪开始采集记录,待风洞试验流场建立并稳定后,采用插入机构将实验模型由上向下快速插入高超声速流场中心,实时记录模型表面温度变化,稳定 5 s 后,模型移出风洞流场,试验结束。

图 5.53 为不同攻角下模型侧面温度分布,圆锥模型表面的边界层转捩位置呈现迎风面靠后,背风面靠前,模型侧面转捩较早发生的分布特征[16]。在圆锥模型表面存在大量的条纹结构,条纹起始于模型迎风面或侧面的层流区,沿流向逐渐变宽变强,向背面风中心汇聚,且条纹的起始位置和强度在周向位置上存在差异。随着周向角的增加,条纹结构的起始位置向上游移动。同时不同攻角结果对比发现,随着攻角增加,模型表面条纹结构的起始位置向上游移动,条纹结构强度差异越来越大。另外,随着模型攻角的增加,模型表面条纹与模型中心线的夹角逐渐增加。

(a) 攻角3°

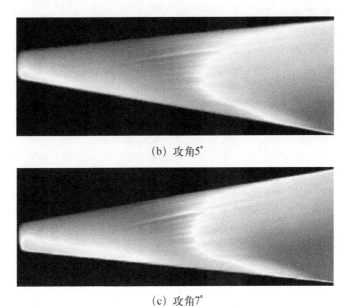

(b) 攻角5°

(c) 攻角7°

**图 5.53　不同攻角下模型表面温度分布(侧面)**

　　通过与 5.4 节结果对比发现,数值模拟获得的条纹结构分布规律与风洞试验结果相吻合。由此推测,有攻角条件下,边界层内不同频率扰动波相互作用可能是圆锥模型表面条纹结构产生的一种机制。这一推测仍需更多的试验工作进行验证与确认。

## 参考文献

[ 1 ] Stetson K F, Rushton G H. A shock tunnel investigation of the effects of nose bluntness, angle of attack and boundary layer cooling on boundary layer transition at a Mach number of 5.5[R]. AIAA Paper 66-495, 1966.

[ 2 ] King R A. Three-dimensional boundary-layer transition on a cone at Mach 3. 5 [ J ]. Experiments in fluids, 1992, 13(5): 305-314.

[ 3 ] Ericsson L E. Effect of boundary layer transition on vehicle dynamics[ R]. AIAA Paper 69-106, 1969.

[ 4 ] Cleary J W. Effects of angle of attack and nose bluntness on the hypersonic flow over cones [ R]. AIAA Paper 66-414, 1966.

[ 5 ] James F M, Amado A T. Experimental investigation of the effects of nose bluntness, free-stream unit Reynolds number, and angle of attack on cone boundary layer transition at a Mach number of 6[R]. AIAA Paper 72-216, 1972.

[ 6 ] Stetson K F. Effect of bluntness and angle of attack on boundary layer transition on cones and biconic bonfigurations[ R]. AIAA Paper 79-0269, 1979.

［7］ Stetson K F. M=6 wind tunnel experimental of boundary layer transition on a cone at angle of attack［R］. AIAA Paper 81-1226, 1981.

［8］ Stetson K F. Laminar boundary layer stability experiments on a cone at Mach 8, Part 3: sharp cone at angle of attack［R］. AIAA Paper 85-0492, 1985.

［9］ Holden M, Bower D, Chadwick K. Measurements of boundary layer transition on cones at angle of attack for Mach numbers from 11 to 13［R］. AIAA Paper 95-2294, 1995.

［10］ Glen P D, Ndaona C. Hypersonic boundary-layer stability experiments on a flared-cone model at angle of attack in a quiet wind tunnel［R］. AIAA Paper 97-0557, 1997.

［11］ 纪锋.高超声速圆锥有攻角时的边界层失稳机理与转捩特征［D].北京: 中国航天空气动力技术研究院,2013.

［12］ Stetson K F, Thompson E R, Donaldson J C, et al. Laminar boundary layer stability experiments on a cone at Mach 8, part 2: blunt cone［R］. AIAA Paper 1984-0006, 1984.

［13］ Esfahanian V, Hejranfar K. Accuracy of parabolized Navier-Stokes schemes for stability analysis of hypersonic axisymmetric flows［J］. AIAA Journal, 2002, 40(7): 1311-1322.

［14］ Dicristina V. Three-dimensional laminar boundary-layer transition on a sharp 8 degcone at Mach 10［J］. AIAA Journal, 1970, 8(5): 852-856.

［15］ Ji F, Shen Q. Stability of hypersonic boundary layer over a circular cone at small angle of attack with DNS method［C］. Dhaka : The 13th Asian Congress of Fluid Mechanics, 2010.

［16］ 沙心国,郭跃,纪锋,等.高超声速圆锥失稳条纹结构实验研究［J］.空气动力学学报, 2020,38(1): 143-147.

# 第 6 章

------

# 可压缩混合层

混合层是指两股具有不同速度的流体平行剪切形成的流动,是很多流动问题的原型,例如超燃冲压发动机中燃料与空气的混合过程、高速飞行器光学侧窗冷却气流与来流空气的掺混等。它与边界层一样同属于湍流的重要模型问题,受到了广泛研究。本章主要介绍混合层流动基本概念、可压缩混合层稳定性、二维亚谐作用机制与二维流动结构、三维流向涡作用与三维流动结构、扰动演化非线性过程、混合层控制原理,以及混合层流动显示试验等方面的内容。

## 6.1　混合层流动基本概念

### 6.1.1　时间发展与空间发展混合层

混合层流动在理论研究中通常分为时间和空间发展混合层。空间发展混合层如图 6.1 所示,两股流体速度大小不同但方向相同。时间发展混合层如图 6.2 所示,两股流体速度大小相同但方向相反。时间发展混合层是空间发展混合层的简化,流向一般假设满足周期边界条件。

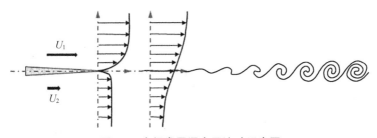

$U_1$

$U_2$

图 6.1　空间发展混合层流动示意图

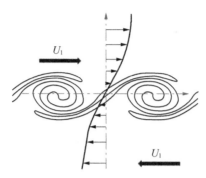

图 6.2　时间发展混合层流动示意图

### 6.1.2　对流输运速度与对流马赫数

混合层最主要的特征是旋涡结构。在空间发展混合层中,这些旋涡结构以一定速度往下游行进,该速度称为对流输运速度,且接近常值,因此,如果将坐标系固连到某旋涡结构,即参考系以对流输运速度匀速运动,那么,经过伽利略速度变换,空间发展混合层将转化为时间发展混合层。

对流输运速度定义为

$$U_c = \frac{a_2 U_1 + a_1 U_2}{a_1 + a_2} \tag{6.1}$$

其中, $U_1$ 和 $U_2$ 分别为上下流体的速度; $a_1$ 和 $a_2$ 分别为上下流体的声速。

在此基础上定义对流马赫数,其定义为

$$Ma_c = \frac{U_1 - U_2}{a_1 + a_2} \tag{6.2}$$

对流马赫数是混合层最常用的压缩性度量参数,最早由 Bogdanoff[1]、Papamoschou 和 Roshko[2] 提出。

### 6.1.3　混合层厚度定义

混合层的厚度是宏观反映混合强弱的一个重要参数,它的增长率反映了混合层发展的快慢。几种常见的混合层厚度定义如下。

（1）10%厚度 $\delta_{10}$:

$$\delta_{10} = y_1 - y_2, \quad \begin{cases} y_1: u = U_1 - 0.1\Delta U \\ y_2: u = U_2 + 0.1\Delta U \end{cases} \tag{6.3}$$

（2）涡量厚度 $\delta_\omega$：

$$\delta_\omega = \max(\Delta U / (\partial u / \partial y)) \tag{6.4}$$

（3）动量厚度：

$$\delta_m = \int_{-\infty}^{\infty} \frac{u - U_1}{U_2 - U_1}\left(1 - \frac{u - U_1}{U_2 - U_1}\right) \mathrm{d}y \tag{6.5}$$

混合层平均速度剖面一般满足双曲正切分布，即

$$u(y) = \frac{U_1 + U_2}{2} + \frac{U_1 - U_2}{2}\tanh(\sigma y) \tag{6.6}$$

其中，$\sigma$ 为形状系数。此时，

$$\delta_{m0} = \frac{1}{2\sigma} \tag{6.7}$$

其中，$\delta_{m0}$ 为初始动量厚度。

可以看到，亦存在如下关系：

$$\delta_{\omega0} = \frac{2}{\sigma} \tag{6.8}$$

其中，$\delta_{\omega0}$ 称为初始涡量厚度。可以看到，

$$\delta_{m0} = \frac{\delta_{\omega0}}{4} \tag{6.9}$$

一般取 $\sigma = 2$，此时 $\delta_{\omega0} = 1$，意味着以初始涡量厚度作为特征长度，无量纲后速度剖面形式保持不变。因此，本书也习惯取 $\sigma = 2$，并以初始涡量厚度作为特征长度。

## 6.2　混合层的二维亚谐作用机制

亚谐作用是混合层最重要的一种控制机制。在 $Ma_c < 0.6$ 时，混合层主要为 Kelvin-Helmholtz 不稳定性（简称 K-H 不稳定性），其最不稳定扰动为二维扰

动,该扰动也称为基频扰动,其半频扰动称为亚谐扰动。基频扰动独自发展形成的旋涡称为基频涡卷,当亚谐扰动出现后,基频涡卷出现对并、撕裂等演化现象,这一作用称为亚谐作用机制。1982 年,Ho 和 Huang[3]指出,只要扰动频率是基频扰动频率的整分数(记为 $1/m$, $m>1$),就可能发生 $m$ 个涡的相互作用现象,如三涡合并(tripling, $m=3$)、四涡合并(quadrupling, $m=4$),以及更多涡的群并作用(collective interaction)。在此工作基础上,杨武兵等[4,5]分别于 2012 年和 2014 年提出了时间混合层和空间混合层群并作用的唯象分析模型,给出了这类二维扰动后续演化过程同频率和相差的关系。

以时间发展可压缩混合层为对象建立亚谐作用机制的分析模型。此处分析案例的流动参数为流动马赫数 $Ma_1 = Ma_2 = Ma_c = 0.2$, $Re = 700$, 速度比为$-1$,温度比为 1,密度比为 1,来流温度为 273.16 K。

混合层扰动亦可写作 Tollmien-Schlichting 扰动波形式:

$$f' = a\hat{f}\exp[\mathrm{i}(\alpha x - \omega t + \varphi)] \tag{6.10}$$

其中,扰动特征函数 $\hat{f} = (\hat{u}, \hat{v}, \hat{T}, \hat{p})$; $a$ 为振幅;$\alpha$ 为波数;$\omega$ 为频率;$\varphi$ 为相位。对于时间模式,$\alpha$ 为实数,$\omega$ 为复数,即 $\omega = \omega_r + \mathrm{i}\omega_i$。

时间发展混合层不稳定扰动波具有如下特点:

(1)不稳定扰动波的频率实部为 0,相速度为 0;

(2)如图 6.3 所示,特征速度具有对称性,实部关于 $y=0$ 对称,虚部关于 $y=0$ 反对称。因此,在 $y=0$ 轴线上,时间模式下的初始时刻扰动速度在 $y=0$ 轴线

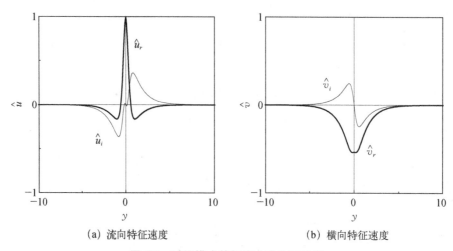

(a) 流向特征速度　　　　　　　　(b) 横向特征速度

**图 6.3　时间模式基频扰动波特征速度**

附近呈余弦函数形式：

$$u'(x, 0, 0) = a\hat{u}_r(0)\cos(\alpha x + \varphi) \tag{6.11}$$

$$v'(x, 0, 0) = a\hat{v}_r(0)\cos(\alpha x + \varphi) \tag{6.12}$$

　　在混合层中仅引入基频扰动波，则可诱发基频涡卷，并发展至饱和状态。取 0 相位基频扰动波，即 $\varphi_1 = 0$，并以其波长 $\lambda_1$ 正规化，图 6.4（a）是由此诱发的基频涡卷等涡量线，图中虚线示意的是对应的 $y = 0$ 轴线附近基频扰动波形。由图可知，基频涡卷的涡心向右偏离中心线 $\lambda_1/4$，即 $\pi/2$。为便于分析，取 $\pi/2$ 相位基频扰动波，即 $\varphi_1 = \pi/2$，使所诱发的基频涡卷的涡心位于中心线上。于是，考虑多个基频涡卷时，可得图 6.4（b）示意图，表征基频扰动波形与基频涡卷的空间对应关系。易知，此时第 $k$ 个基频涡卷的涡心位置为 $x_k = (k - 1/2)\lambda_1$。以下的分析均取定 $\varphi_1 = \pi/2$。

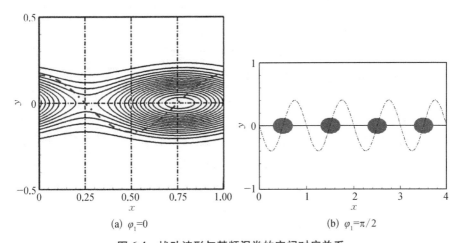

(a) $\varphi_1 = 0$　　　　　　　　　(b) $\varphi_1 = \pi/2$

**图 6.4　扰动波形与基频涡卷的空间对应关系**

　　在混合层中引入基频扰动波及其亚谐扰动波，两扰动波将发生相互作用。基频扰动波的增长率大于其亚谐扰动波的增长率，基频扰动波先行诱发基频涡卷，其后亚谐扰动波使之呈偏离轴线趋势，引发合并等现象。注意到平均场中，横向速度为 0，故 $y = 0$ 轴线附近由亚谐扰动波诱导的瞬间横向位移可近似为

$$y_m = a\hat{v}_{rm}(0)\cos(\alpha_m x + \varphi_m) \cdot \Delta t$$

即其沿流向分布也呈余弦函数形式。特别地，参考图 6.3（b）可知 $\hat{v}_{rm}(0) < 0$。

通过上述分析,可在 $y = 0$ 轴线附近建立时间发展混合层亚谐扰动作用的唯象分析图。以 $m = 2$ 情形为例,当相差 $\Delta\varphi_2 = \varphi_2 - \varphi_1 = 0$ 时,如图 6.5 所示,椭圆表示基频涡卷,虚线表示基频扰动波横向速度波形,实线表示亚谐扰动波诱导的横向位移波形。当亚谐扰动相位变化时,即改变相差,该横向位移波形将在轴线上水平移动,从而与基频涡卷具有不同的空间位置关系,根据这一空间位置关系可以分析判定基频涡卷后续的非线性演化类型。就图 6.5 而言,亚谐扰动诱导基频涡卷 1 往上运动,基频涡卷 2 往下运动,由于上层速度为正,下层速度为负,所以,基频涡卷 1 与基频涡卷 2 相互靠近,并以顺时针缠绕方式发生对并。亚谐扰动作用唯象分析图以亚谐扰动波与基频涡卷之间的简单几何关系,给出了一种亚谐扰动相差对基频涡卷非线性演化类型的影响的分析判定方法,并可导出定量的相差唯象模型。

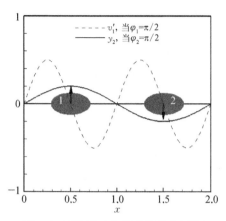

图 6.5 亚谐扰动作用的唯象分析图
($m = 2$, $\Delta\varphi_2 = 0$)

这一方法可进一步推广至任意 $m$ 情形。该模型指出,给定任意 $m$,随着两个扰动相差变化,混合层具有四类亚谐作用,分别是中心对称群并、第一类非对称群并、第二类非对称群并和偏斜对称群并,四类作用的唯象分析图和流动结构图像分别如表 6.1 和表 6.2 中图形所示。这表明,混合层的亚谐作用机制可以由 $(m, p)$ 两个参数控制,$m$ 为频率参数,$p$ 为相差参数。

$$\alpha_2 = \alpha_1/m \tag{6.13}$$

$$\Delta\varphi_m = \varphi_2 - \varphi_1 = 2p\pi/m \tag{6.14}$$

中心对称群并指 $m$ 个基频涡卷绕共同的中心逐渐融合,如表 6.1 第 1 列所示,其相差关系为

$$p = n \tag{6.15}$$

偏斜对称群并(两涡作用时也称为撕裂)指 $m$ 个基频涡卷发生作用,但始终有一个基频涡卷不是旋转融合,而是以撕裂方式被削弱,如表 6.1 第 3 列所示,其相差关系为

$$p = n + 1/2 \tag{6.16}$$

表 6.1　混合层亚谐作用机制的唯象分析图

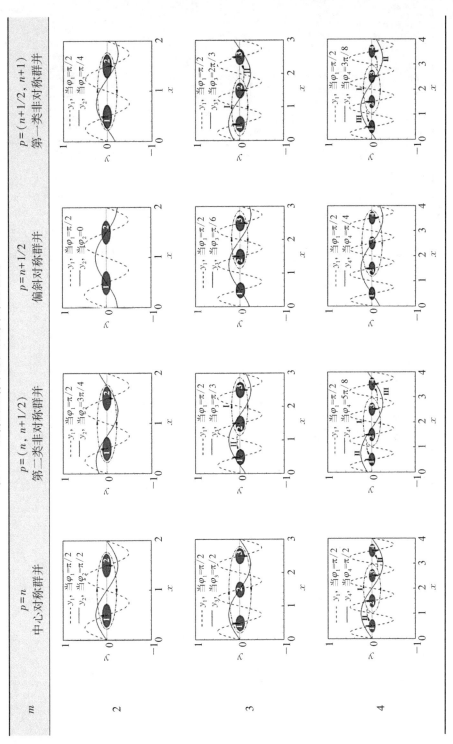

表 6.2　混合层群并图像

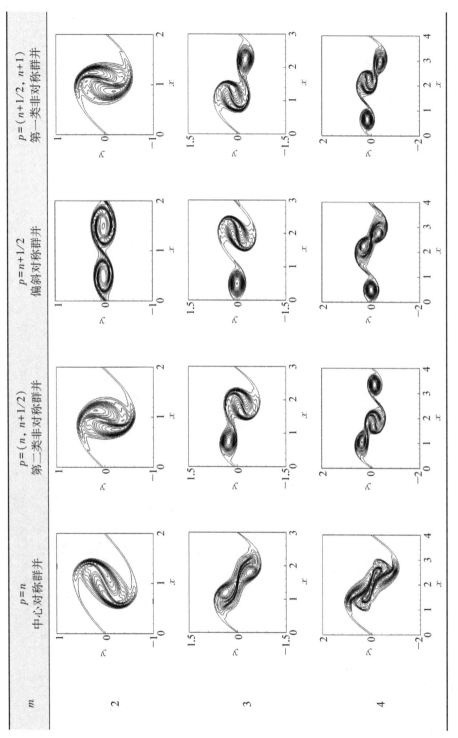

非对称群并指 $m$ 个基频涡卷以非对称方式依次融合。第一类非对称群并的相差关系为

$$p \in (n + 1/2, n + 1) \tag{6.17}$$

第二类非对称群并的相差关系为

$$p \in (n, n + 1/2) \tag{6.18}$$

上面是关于时间发展混合层亚谐作用机制的唯象模型,空间发展混合层与之类似,但不完全相同,此处直接给出结论。固定 $\varphi_1 = 3\pi/2$。

中心对称群并现象要求:

$$p = n \tag{6.19}$$

撕裂现象要求:

$$p = n + 1/2 \tag{6.20}$$

第 1 类非对称群并现象要求:

$$\begin{cases} n + 1/2 < p < n + 1, & m = 2k - 1 \\ n < p < n + 1/2, & m = 2k \end{cases} \tag{6.21}$$

第 2 类非对称群并现象要求:

$$\begin{cases} n + 1/2 < p < n + 1, & m = 2k \\ n < p < n + 1/2, & m = 2k - 1 \end{cases} \tag{6.22}$$

其中, $n$ 为整数; $k$ 为正整数。

可以看到,中心对称群并和撕裂现象对相差要求非常严格,实际过程中很难观察到,数值模拟中如果计算格式的色散误差较大,也很难获得。

我们以 $m = 10$ 为例来展示多涡作用的时空特征。先是时间发展混合层,计算域为 $10\lambda_1 \times 10\lambda_1$,网格数为 667×451。

首先来看偏斜对称群并现象。根据相差唯象模型给定扰动初始相位。图 6.6 的数值模拟结果清晰地刻画了该偏斜对称群并现象的演化细节。在亚谐扰动作用下,最外围的基频涡卷涡心横向位移为 0,因此,独自发展至饱和状态,其他 9 个基频涡卷以中心对称群并方式演化,最终形成偏斜对称群并的典型图

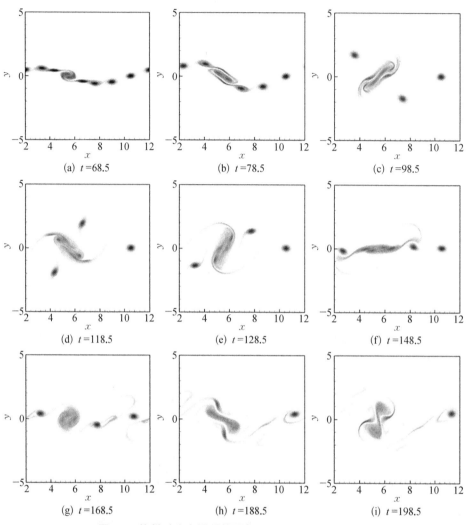

(a) $t=68.5$

(b) $t=78.5$

(c) $t=98.5$

(d) $t=118.5$

(e) $t=128.5$

(f) $t=148.5$

(g) $t=168.5$

(h) $t=188.5$

(i) $t=198.5$

图 6.6  偏斜对称十涡群并现象($m=10$,$\Delta\varphi_{10}=\pi/10$)

像,即相邻涡卷在空间上一大一小相间分布。

接下来看中心对称群并现象。图 6.7 为中心对称十涡群并现象的涡量等值云图。可以看到,在亚谐扰动作用下,10 个基频涡卷绕其几何中心反对称地横向移动,形成 5 个区域。初期,中间 4 个基频涡卷先以对称群并方式形成大涡,其两侧的两对基频涡卷分别以非对称对并方式形成大涡,最外围基频涡卷绕中心顺时针旋转并靠近中心。中期,中间群并四涡被两侧对并涡卷拉伸和撕裂成两部分,并被分别融合,形成两个大尺度涡卷。后期,这两个大尺度涡卷再次相

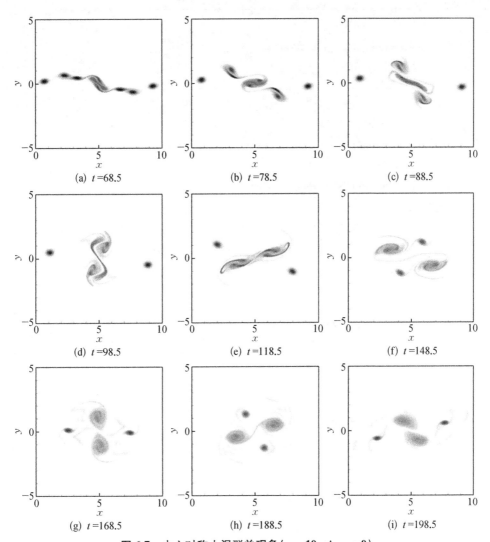

(a) $t$ =68.5　　(b) $t$ =78.5　　(c) $t$ =88.5

(d) $t$ =98.5　　(e) $t$ =118.5　　(f) $t$ =148.5

(g) $t$ =168.5　　(h) $t$ =188.5　　(i) $t$ =198.5

**图 6.7　中心对称十涡群并现象 ($m=10$, $\Delta\varphi_{10}=0$)**

互缠绕,并与外围涡卷完成十涡群并,形成更大尺度的涡卷。

上述唯象模型基于线性稳定性假设,而对于空间发展混合层,随着往下游发展,逐渐偏离线性假设,因此,当 $m$ 较大时仅能观察到非对称群并现象。数值模拟了 $m=10$ 的情形。$p$ 分别取为 $-5$、$-1/2$ 和 $-11/4$。相应地,预计基频涡卷分别以十涡对称群并、十涡撕裂和十涡第一类非对称群并现象演化。计算结果如图 6.8 所示。可以看到,三种相差下均发生了十涡群并,但群并特征与唯象模型预期不同,均以非对称方式演化。

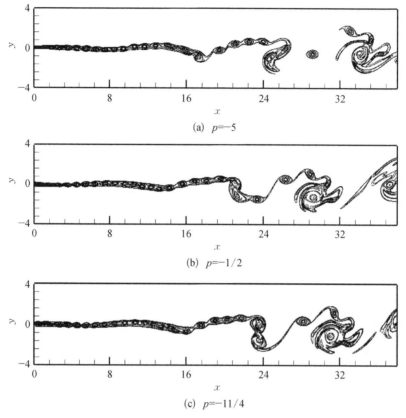

(a) $p=-5$

(b) $p=-1/2$

(c) $p=-11/4$

图 6.8　空间发展混合层十涡群并现象

## 6.3　混合层的二次失稳现象

对于平行剪切流动,其基本流可记为 $v_0(y)$,在其上叠加二维扰动 $v_1(x, y; t)$,二维扰动满足 Orr-Sommerfeld 方程,它引起的流动失稳称为一次失稳(或首次失稳)。失稳后的剪切流场可以表述为

$$v_2(x, y; t) = v_0(y) + Av_1(x, y; t) \tag{6.23}$$

若在此流场上叠加三维扰动,即

$$v(x, y, z; t) = v_2(x, y; t) + A_3v_3(x, y, z; t) \tag{6.24}$$

那么,由此三维扰动引起的流动失稳称为二次失稳。关于二次失稳更详细

介绍可参阅文献[6]。

三维扰动产生三维流动结构,是混合层流动转捩进入湍流的关键。本节首先通过一些数值模拟结果[7,8]来展示混合层二次失稳现象的特征,然后介绍基于同相点概念的二次失稳分析模型[9]。

### 6.3.1 混合层二次失稳现象的数值模拟结果

考虑空间发展混合层,在入口同时引入二维和三维扰动波。分两种情形,第一种是三维扰动波频率与二维扰动波频率相等,对应 K-型二次失稳;第二种是三维扰动波频率为二维扰动波频率的一半,对应 H-型二次失稳。

图 6.9 为第一种情况的数值模拟结果,可以看到,三维扰动波诱导了三维后掠结构,并在流向顺序排列,这与边界层经典的 K-型二次失稳现象一致。图 6.10 为第二种情况的数值模拟结果,可以看到,三维扰动波同样诱导了三维后掠结构,但在流向交错排列,与边界层经典的 H-型二次失稳现象一致。这些结果给出了空间发展混合层二次失稳现象,还可以看到,经过二次失稳后混合层快速进入湍流状态。

(a) 涡量等值云图展示的空间流动结构

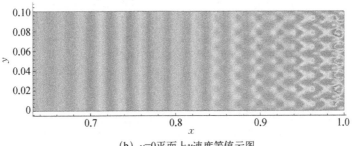

(b) $y=0$ 平面上 $u$ 速度等值云图

**图 6.9 空间发展混合层 K-型二次失稳现象(后附彩图)**

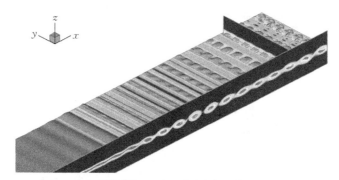

（a）涡量等值云图展示的空间流动结构

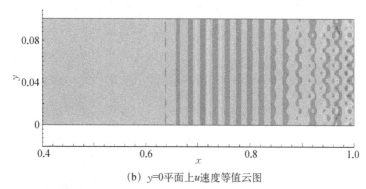

（b）$y=0$平面上$u$速度等值云图

**图 6.10　空间发展混合层 H-型二次失稳现象（后附彩图）**

如果同时引入最不稳定扰动、二维亚谐扰动和三维扰动波，数值模拟结果表明，由于二维亚谐扰动引起旋涡对并，将显著抑制三维扰动发展。图6.11和图6.12为旋涡对并对 K-型二次失稳的抑制效果，图6.13和图6.14为旋涡对并对 H-型二次失稳的抑制效果，分别与图6.9和图6.10对比可以看到，抑制效果非常明显。这一认识为混合层控制提供了基本原理，下文还会介绍。

### 6.3.2　基于同相点概念的二次失稳分析模型

根据线性稳定性理论，时间发展混合层中，二维行波扰动可以表述为

$$v_1(x, y; t) = \hat{v}_1(y)A_1 \exp[\mathrm{i}(\alpha_1 x + \varphi_{01})] \tag{6.25}$$

三维行波扰动可以表述为

$$v_3(x, y, z; t) = \hat{v}_3(x, y)A_3 \exp[\mathrm{i}(\alpha_3 x + \beta_3 z + \varphi_{03})] \tag{6.26}$$

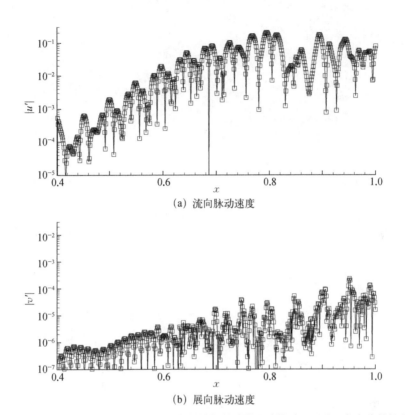

(a) 流向脉动速度

(b) 展向脉动速度

图 6.11　空间发展混合层扰动速度沿流向的幅值变化(对并对 K-型二次失稳的抑制)

图 6.12　空间发展混合层涡量等值云图(对并对 K-型二次失稳的抑制,后附彩图)

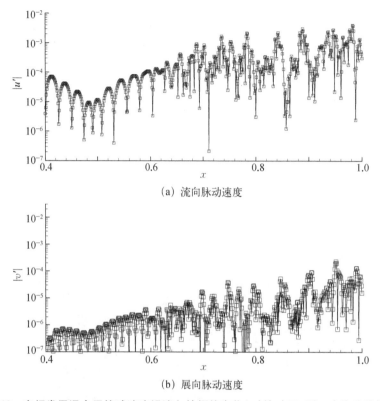

(a) 流向脉动速度

(b) 展向脉动速度

图 6.13  空间发展混合层扰动速度沿流向的幅值变化(对并对 H-型二次失稳的抑制)

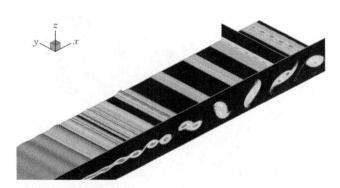

图 6.14  空间发展混合层涡量等值云图(对并对 H-型二次失稳的抑制,后附彩图)

对于平行流,考虑 $x$-$z$ 平面,如果空间点 $P(x, y, z; t)$ 与点 $P_1(x + \Delta x, y, z + \Delta z; t)$ 的扰动相位差为 $2\pi$ 的整数倍,称这两点同相。即

$$\begin{cases} [\alpha_1(x + \Delta x) + \varphi_{01}] - [\alpha_1 x + \varphi_{01}] = 2k\pi \\ [\alpha_3(x + \Delta x) + \beta_3(z + \Delta z) + \varphi_{03}] - [\alpha_3 x + \beta_3 z + \varphi_{03}] = 2n\pi \end{cases} \tag{6.27}$$

其中,$k$ 和 $n$ 为整数。可推得

$$\begin{cases} \alpha_1 \Delta x = 2k\pi \\ \alpha_3 \Delta x + \beta_3 \Delta z = 2n\pi \end{cases} \tag{6.28}$$

整理得

$$\begin{cases} \alpha_1 \Delta x = 2k\pi \\ \beta_3 \Delta z = 2(n - k\alpha_3/\alpha_1)\pi \end{cases} \tag{6.29}$$

如流向考虑最小周期,即取 $k = 1$,上式可写为

$$\begin{cases} \alpha_1 \Delta x = 2\pi \\ \beta_3 \Delta z = 2(n - \alpha_3/\alpha_1)\pi \end{cases} \tag{6.30}$$

1. K-型二次失稳

对于 K-型二次失稳,其物理图像如图 6.15 所示,可以看到,点 $P$ 的同相点满足

$$\begin{cases} \Delta x = m_1 \lambda_x \\ \Delta z = m_2 \lambda_z \end{cases} \tag{6.31}$$

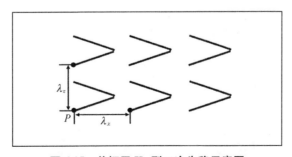

图 6.15　剪切层 K-型二次失稳示意图

可推得如下关系:

$$\frac{\alpha_3}{\alpha_1} = n - m_2 = l \tag{6.32}$$

其中, $l$ 为整数, 当 $l=1$ 时, $\alpha_3 = \alpha_1$, 该条件正是发生 K-型二次失稳的条件, 即基谐二次失稳模态。

2. H-型或 C-型二次失稳

对于 H-型或 C-型二次失稳, 其物理图像如图 6.16 所示, 可以看到, 点 $P$ 的同相点满足如下关系:

$$\begin{cases} \Delta x = m_1 \lambda_x \\ \Delta z = (m_2 + 1/2)\lambda_z \end{cases} \tag{6.33}$$

可推得如下关系:

$$\frac{\alpha_3}{\alpha_1} = n - m_2 - 1/2 = l - 1/2 \tag{6.34}$$

当 $l=1$ 时, $\alpha_3 = \alpha_1/2$, 该条件正是发生 H-型或 C-型二次失稳的条件, 即亚谐二次失稳模态。

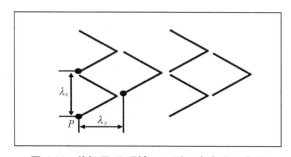

**图 6.16　剪切层 H-型与 C-型二次失稳示意图**

3. 其他形式的二次失稳

从以上两例可知, 当给定 $\Delta x$、$\Delta z$ 的约束关系可以推得波数需要满足的条件, 反之, 当给定波数间满足的关系后, 从式(6.29)可以预测 $\Delta x$、$\Delta z$ 需满足的关系, 即预测这些波数关系下二次失稳的形式。

例如, 取 $\alpha_3 = \alpha_1/3$, 可得

$$\begin{cases} \Delta x = 2k\pi/\alpha_1 = k\lambda_x \\ \Delta z = 2(n - k/3)\pi/\beta_3 = (n - k/3)\lambda_z \end{cases} \tag{6.35}$$

取 $n = 1$，据此可画出二次失稳的图像应如图 6.17
所示。

### 4. 数值试验

以时间发展混合层验证上述理论分析模型。自由
流体为空气，温度为 273.16 K，上下流体温度比为 1，密
度比为 1。自由流体的马赫数 $Ma_1 = Ma_2 = Ma_c = 0.2$，
速度场给定为双曲正切分布，基于初始涡量厚度定义
的雷诺数 $Re = 700$，温度分布由 Crocco-Busemann 能量
积分关系式给出，压力假设成均匀分布，密度场由完全
气体状态方程确定。

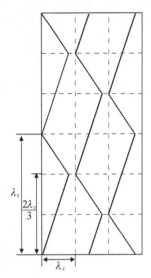

**图 6.17　1/3 次亚谐二次
失稳预测图像**

对于 K-型二次失稳，取 $\alpha_3 = \alpha_1 = 0.86$，同时取展
向波数 $\beta_3 = \alpha_1 = 0.86$。计算域为 $3\lambda_x \times 2\lambda_x \times 2\lambda_z$，网格
数目为 61×101×41。图 6.18 为 K-型二次失稳现象的
计算结果，可以看到，其形式与图 6.15 所示特征相符。

对于 H-型二次失稳，取 $\alpha_3 = \alpha_1/2 = 0.43$，取展向波数 $\beta_3 = \alpha_1/3 = 0.286\,7$。
计算域为 $4\lambda_x \times 4\lambda_x \times 2\lambda_z$，网格数目为 61×101×41。图 6.19 为 H-型二次
失稳的计算结果，可以看到，其形式与图 6.16 所示的 H-型二次失稳典型特
征相符。

当取 $\alpha_3 = \alpha_1/3 = 0.286\,7$，展向波数取 $\beta_3 = \alpha_1/3 = 0.286\,7$ 时。计算域为
$3\lambda_x \times 4\lambda_x \times 2\lambda_z$，网格数目为 61×101×41。图 6.20 为计算结果，可以看到，计算
结果给出的二次失稳现象与理论预测结果图 6.17 一致。

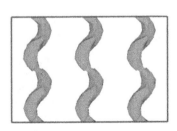

**图 6.18　K-型二次失稳现象数
值模拟结果**

**图 6.19　H-型二次失
稳现象数值
模拟结果**

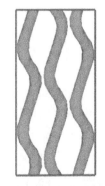

**图 6.20　1/3 次亚谐二
次失稳现象数
值模拟结果**

5. 展向波数对二次失稳现象的影响

如取 $\alpha_3 = \alpha_1/2 = 0.43$、$\beta_3 = \alpha_1/2 = 0.43$ 时,即流向波长与展向波长相等。计算域为 $4\lambda_x \times 4\lambda_x \times 2\lambda_z$,网格数目为 $61\times101\times41$。图 6.21 为该条件下二次失稳计算结果,可以看到,该二次失稳本质上属亚谐二次失稳,但形式比较特殊,$\Lambda$ 涡结构演变形成了方形结构。如果与 H-型二次失稳的计算结果对比,可以看到,三维展向波数 $\beta_3$ 对二次失稳的具体演化形式有较大影响。

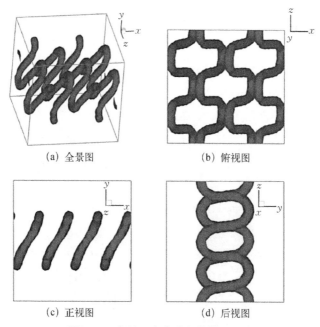

(a) 全景图　　　　　　　　(b) 俯视图

(c) 正视图　　　　　　　　(d) 后视图

图 6.21　方形二次失稳数值模拟结果

进一步考察三维展向波数对二次失稳具体演化形式的影响。取 $\alpha_3 = \alpha_1/2 = 0.43$,$\beta_3 = 3\alpha_1/4 = 0.645$,计算域为 $4\lambda_x \times 4\lambda_x \times 2\lambda_z$,网格数目为 $61\times101\times41$。图 6.22 为计算结果,可以看到,此时二次失稳以螺旋形式进行,三维波并非演化为 $\Lambda$ 涡结构,而是演化为 M 涡结构,且组成 M 涡结构的两个 $\Lambda$ 涡结构并不对称。该结果进一步说明,三维展向波数对二次失稳具体演化形式的重要影响。同时,$\beta_3 = \alpha_1/2$ 是一个临界条件,将亚谐二次失稳区分为传统的 H-型二次失稳和不常见的螺旋型二次失稳。

本节介绍的同相点概念能够预测混合层的各类二次失稳,结合线性稳定性理论可以确定混合层各类二次失稳现象的频率或波数关系。

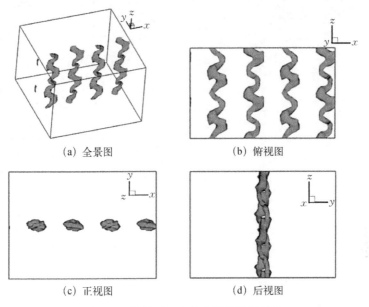

(a) 全景图　　　　　　　　　(b) 俯视图

(c) 正视图　　　　　　　　　(d) 后视图

图 6.22　螺旋形二次失稳数值模拟结果

## 6.4　混合层扰动演化的非线性过程分析

超声速混合层失稳是一个由线性到非线性的过程,二维亚谐作用、二次失稳现象最后都表现出非线性效应,偏离线性理论的预测结果。经典的线性分析工具可以反映出一些非线性现象的动力学特性,但是不完整,接下来介绍如何用非线性动力学指标对混合层的失稳过程进行分析[10,11]。

流 动 参 数 为:$Ma_1$ = 2.1,$Ma_2$ = 1.1,$T_\infty$ = 1 200.0 K,$\rho_\infty$ = 1.0,$Re_L$ = 1.0E + 6。计算区域为:流向 $x \in [0, 1.6]$,展向 $y \in [0, 0.1]$,法向 $z \in [-0.248, 0.248]$;计算网格总数为 1 601×101×101,其中流向网格间距为 $\Delta x$ = 0.001,展向网格间距为 $\Delta y$ = 0.001,法向网格最小间距为 $\Delta z_{\min}$ = 0.000 2。

使用 NND 有限差分格式计算该混合层的基本流,计算结果如图 6.23 所示。

在入口引入一个单一频率的二维正弦函数扰动,该扰动波的具体形式为

$$w'(y, z, t) = \varepsilon(z) e^{-i2\pi\omega t} \tag{6.36}$$

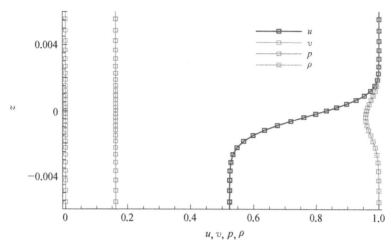

图 6.23　$Ma_c = 0.5$ 时混合层的基本流剖面

其中,扰动振幅 $\varepsilon(z) = \begin{cases} 10^{-3}, & z = 0 \\ 0, & z \neq 0 \end{cases}$, 扰动频率 $\omega = \dfrac{200.0}{2\pi}$。

### 6.4.1　混合层非线性失稳的时空间歇现象

图 6.24 为涡量等值云图,可以看到二次失稳过程的发生。入口引入的二维扰动波在流向上逐渐发展并放大,在混合层流场中部出现明显的 K-H 不稳定性,卷起二维的展向涡;随着涡卷继续向下游发展,展向扰动速度 $v'$ 增长,二维

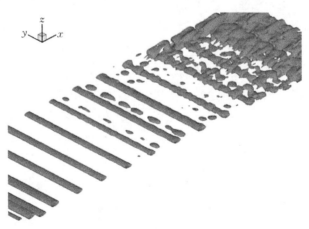

图 6.24　混合层二次失稳涡量等值面图

展向涡结构逐渐被撕裂,流场中出现三维涡,这种三维涡是典型的后掠涡结构,此时流场中的主要流动结构成为三维结构,混合层发生二次失稳,细节如图 6.25 所示。

图 **6.25**　混合层二次失稳下游涡量等值面图局部放大

图 6.26 和图 6.27 定量描述了混合层内二次失稳过程。可以看到,二维扰动波首先经历了一个线性的快速发展阶段,此时只有 $u'$、$v'$ 很小,流动为二维流动,这是典型的 K-H 失稳过程。之后,$v'$ 进入快速增长阶段,而 $u'$ 发展至饱和状态,幅值基本不变,与图 6.24 对照可知,此时混合层正处于二次失稳阶段,三维涡快速生成。

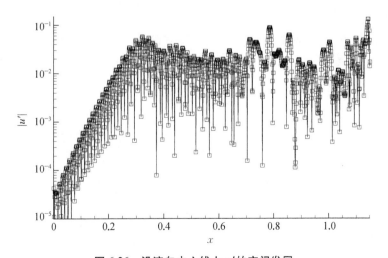

图 **6.26**　沿流向中心线上 $u'$ 的空间发展

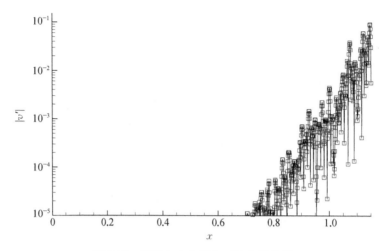

**图 6.27** 沿流向中心线上 $v'$ 的空间发展

从时间上观察混合层二次失稳过程,发现它具有间歇性。图 6.28 给出了 8 个时刻的混合层涡量等值云图,可以看到,在某些时刻,混合层下游流动由原本的三维流动恢复到二维状态,并且这一过程在时间上会交替出现。该结果亦表明,二维涡对并对混合层内三维结构的发展有明显的抑制作用。

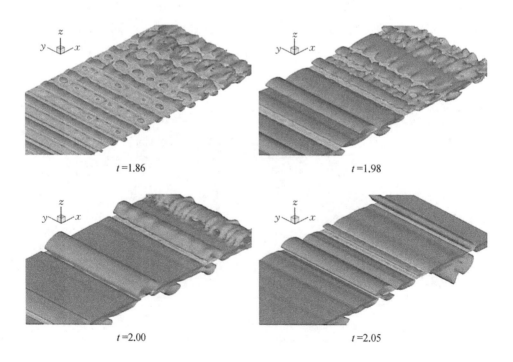

$t=1.86$

$t=1.98$

$t=2.00$

$t=2.05$

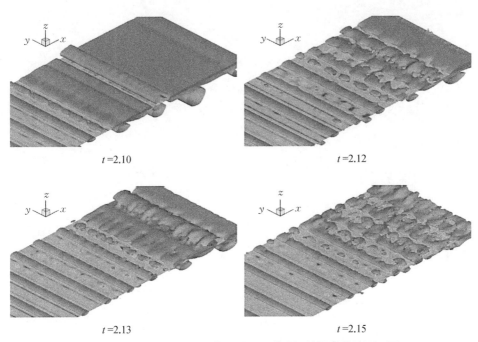

图 6.28　二次失稳过程中典型时刻下游流场的涡量等值面云图

### 6.4.2　混合层失稳现象的非线性动力学分析

采用相空间分析、分维分析、最大 Lyapunov 指数分析等方法对混合层二次失稳过程进行非线性动力学分析。

记录三个空间位置的时间序列 $v'(t)$，如图 6.29 所示。有两个主要特征：越往下游幅值越大；下游呈现明显的间歇过程。

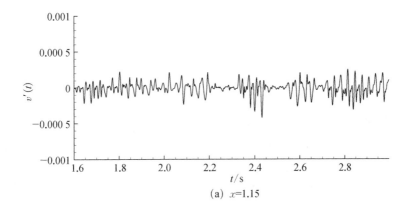

(a) $x$=1.15

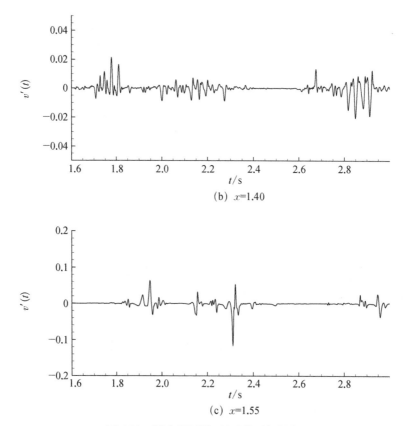

(b) $x$=1.40

(c) $x$=1.55

图 6.29　混合层下游 $v'(\mathrm{t})$ 的时间历程

　　混合层入口引入单周期正弦扰动,该扰动波在混合层内首先经历一个快速发展的线性过程,取 $x$ = 0.45 站位进行分析,结果如图 6.30 所示,可以看到,除了扰动波的振幅逐渐增大以外频率并不会发生变化,扰动波在相空间内的运动轨迹为一个二维平面内的椭圆环,如图 6.30(b)所示,根据分维数和最大 Lyapunov 指数的定义可知,此时分维数应为 1.0, 最大 Lyapunov 指数应为 0。

　　扰动波振幅升高到一定的程度后,扰动波在混合层内开始非线性发展,扰动波振幅不再满足指数线性的规律。取 $x$ = 0.65 站位进行分析,结果如图 6.31 所示,从频谱特性可看出流动中出现了基频波的一次谐波,相空间上运动轨迹不再是之前线性发展阶段的光滑的二维凸椭圆环,而是存在一个凹点的三维椭圆环,此时时间序列的分维数和最大 Lyapunov 指数都有小幅度的升高,说明扰动波的运动较线性发展时趋于复杂,系统耗散性较线性发展增强。

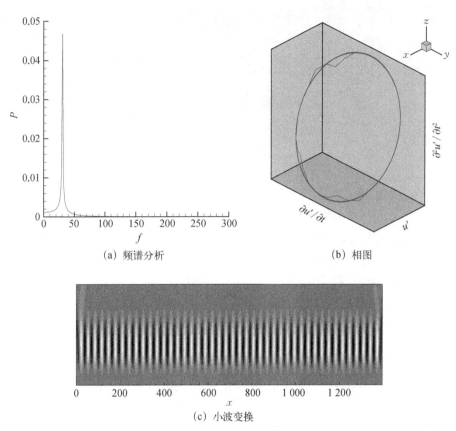

(a) 频谱分析　　　　　　　　　　　　(b) 相图

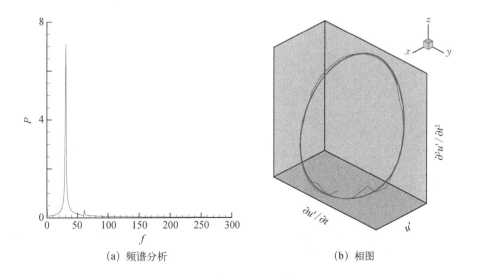

(c) 小波变换

**图 6.30　*x* = 0.45 站位结果**

(a) 频谱分析　　　　　　　　　　　　(b) 相图

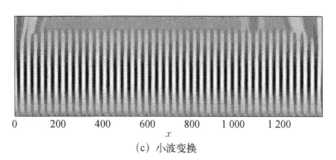

（c）小波变换

**图 6.31 x = 0.65 站位结果**

随着扰动波向下游继续发展,在混合层的下游还观察到了更多高次谐波,如图 6.32 所示,在 x = 0.7 站位可以清楚地观察到高至 3 次的高次谐波,在 x = 0.75 的站位上还发现了高至 6 次的高次谐波。通过对相空间（图 6.33）的运动轨迹分析可以看出,每一个高次谐波都对应运动轨迹上的一个凹点。此时混合层流动参数的分维数和最大 Lyapunov 指数都只是很小幅地升高甚至不变,说明该站位处混合层动力系统特性相对于之前的站位几乎没有变化。这一过程持续较长的流向距离（$x \in [0.7, 1.1]$）,混合层内扰动波的发展模式基本不变。

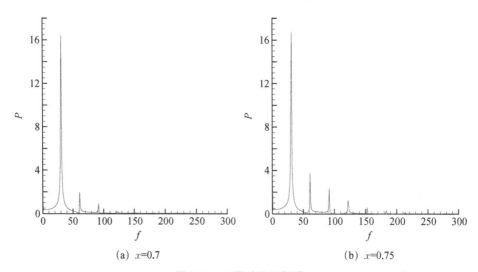

（a）x=0.7　　　　　　　　　　（b）x=0.75

**图 6.32 不同站位处频谱**

在 x = 1.1 的站位处出现了基本波的亚谐波,如图 6.34 所示,随着亚谐波的出现各高次谐波相比之前站位处能量有所减弱。从小波分析的结果来看,亚谐波并不是存在于整个计算周期内,而是出现在该站位处无量纲时间为 t = 2.04 附近;该亚谐波的出现使得相空间的运动轨迹发生了变化,在亚谐波出现的时刻运动

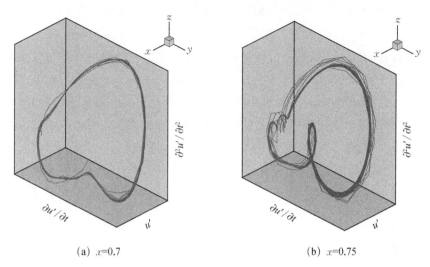

(a) $x=0.7$ 　　　　　　　　(b) $x=0.75$

图 **6.33**　不同站位处相图

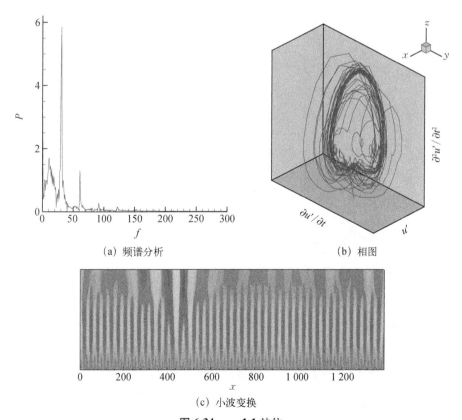

(a) 频谱分析 　　　　　　　　(b) 相图

(c) 小波变换

图 **6.34**　$x=1.1$ 站位

轨迹脱离了原来的多凹点三维椭圆环运动轨迹。分维数和最大 Lyapunov 指数都有一定的升高。

随着向混合层下游的发展,亚谐波振幅逐渐变大,在 $x = 1.2$ 站位处亚谐波已经占优(图 6.35),高次谐波的发展被抑制;从相空间来看亚谐波的发展导致了相空间的运动轨迹相对于前一个站位更加远离多凹点三维椭圆环运动轨迹;根据混合层内扰动波传播特性,$x = 1.2$ 站位处出现的亚谐波就是由 $x = 1.1$ 站位处的亚谐波传播发展来的;该站位处的分维数相比之前有很大升高,但最大 Lyapunov 指数却出现了不正常的下降。

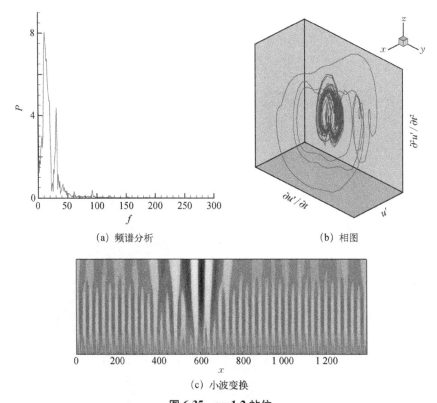

(a) 频谱分析          (b) 相图

(c) 小波变换

**图 6.35**   $x = 1.2$ 站位

随着混合层中亚谐波的发展,混合层发生二维涡对并,在 $x = 1.3$ 站位处流场中出现了更多的低频波,随着这些低频波的非线性发展,混合层内的基频波被淹没,基频波的高次谐波也受到了抑制,低频波绝对占优,如图 6.36 和图 6.37 所示,在相空间上,低频波出现的时刻,运动轨迹更加远离基频波运动的圆环;分维数相比之前有很大的升高。

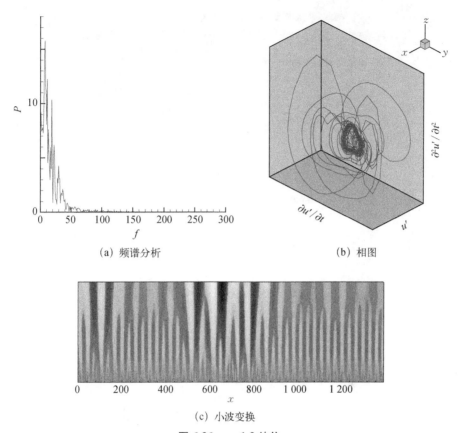

(a) 频谱分析　　　　　　　　　　　(b) 相图

(c) 小波变换

**图 6.36　*x* = 1.3 站位**

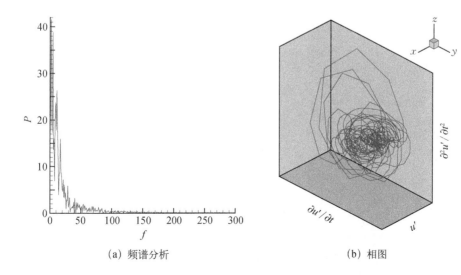

(a) 频谱分析　　　　　　　　　　　(b) 相图

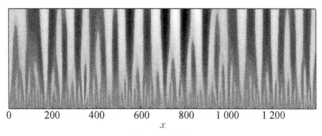

（c）小波变换

**图 6.37　*x* = 1.6 站位**

图 6.38 和图 6.39 分别为混合层分维数和最大 Lyapunov 指数沿流向的变化

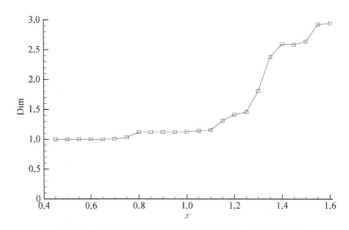

**图 6.38　沿流线中心线上不同站位处 *u′* 的分维数**

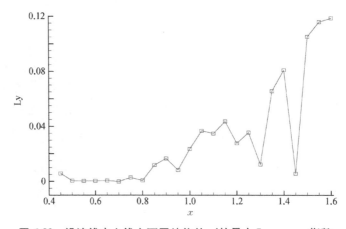

**图 6.39　沿流线中心线上不同站位处 *u′* 的最大 Lyapunov 指数**

图,与上述过程对应,分维数单调增加,Lyapunov 指数在局部减小,但整体呈上升趋势,在本算例计算空间内,分维数最终达到 2.8,流动趋向于混沌。

上述非线性动力学过程为深刻理解混合层的发展演化过程提供了很大帮助。

## 6.5 超声速混合层流动稳定性

前文讨论的混合层流动对流马赫数都小于 0.6,随着对流马赫数增加,可压缩混合层稳定性出现一些新的变化。首先,随着对流马赫数的提高,混合层变得更为稳定;其次,当 $Ma_c > 0.6$ 以后,混合层由二维最不稳定变为三维最不稳定;最后,当 $Ma_c > 1.0$ 以后,混合层开始出现超声速扰动。本节主要介绍超声速扰动方面的研究成果[12,13],关于其他方面的研究成果可参阅文献[14]和文献[15]。

不妨把 $Ma_c > 1.0$ 的混合层流动称为超声速混合层流动。

定义如下两个扰动相关参数:

$$\begin{cases} R_1 = c - 1 + 1/\hat{Ma}_1 \\ R_2 = c - r_u - \sqrt{\beta_T}/\hat{Ma}_1 \end{cases} \tag{6.37}$$

其中,$c$ 为扰动相速度;$\hat{Ma}_1 = \alpha Ma_1/\hat{\alpha}$, $\hat{\alpha} = \sqrt{\alpha^2 + \beta^2}$, $\alpha$ 和 $\beta$ 分别为扰动的流向波数和展向波数;$r_u = U_2/U_1$,为上下流体的速度比值;$\beta_T = T_2/T_1$,为上下流体的温度比值。根据这两个扰动参数,混合层扰动可以分为四类:

(1)超-超模态扰动,扰动相速度相对于两侧自由流体均为超声速,要求:

$$\begin{cases} R_1 < 0 \\ R_2 > 0 \end{cases} \tag{6.38}$$

(2)超-亚模态扰动(慢模态),扰动相速度在高速一侧相对为超声速,在低速一侧相对为亚声速,对应要求:

$$\begin{cases} R_1 < 0 \\ R_2 < 0 \end{cases} \tag{6.39}$$

(3)亚-超模态扰动(快模态),扰动相速度在高速一侧相对为亚声速,在低速一侧相对为超声速,对应要求:

$$\begin{cases} R_1 > 0 \\ R_2 > 0 \end{cases} \tag{6.40}$$

（4）亚-亚模态扰动（涡模态），扰动相速度相对于两侧自由流体均为亚声速，要求：

$$\begin{cases} R_1 > 0 \\ R_2 < 0 \end{cases} \tag{6.41}$$

超声速混合层不稳定扰动类型可汇总为图 6.40。当按扰动相速度与自由流体相对速度而言，可分为亚声速模态和超声速模态。超声速模态又可分为声模态和混合模态，声模态对应超-超模态，混合模态包括亚-超模态和超-亚模态。文献中通称的快模态即亚-超模态，慢模态即超-亚模态。

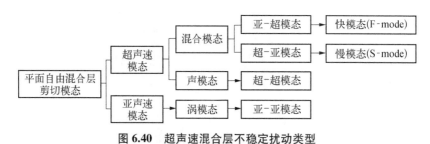

**图 6.40   超声速混合层不稳定扰动类型**

以一个案例展示超声速混合层扰动特征。对流马赫数 $Ma_c = 2.0$，其他参数见表 6.3。

**表 6.3   超声速混合层流动参数**

| | $Ma$ | $T/K$ | $p/kPa$ | $r_u$ | $\beta_T$ | $Ma_c$ | $Re$ |
|---|---|---|---|---|---|---|---|
| Stream-1 | 8.0 | 1.0 | 0.740 | 0.5 | 1 | 2.0 | 10 000 |
| Stream-2 | 4.0 | 1.0 | 0.740 | | | | |

对该混合层流动开展线性稳定性分析，结果如图 6.41 所示，图中 C-mode 表示涡模态，S-mode 表示慢模态，F-mode 表示快模态，B-mode 表示声模态。

图 6.42 为慢模态压力扰动特征函数实部，可以看到，它在 $y > 0$ 即高速流体一侧波动衰减，在 $y < 0$ 即低速流体一侧与涡模态扰动特征相似。图 6.43 为快模态压力扰动特征函数实部，其特征与慢模态扰动相反，在 $y < 0$ 即低速流体一侧波动衰减，而在 $y > 0$ 即高速流体一侧与涡模态扰动特征相似。图 6.44 为声

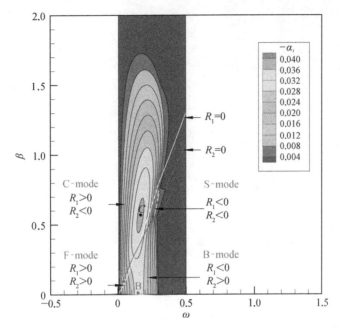

**图 6.41**　超声速混合层不稳定扰动（$Ma_c = 2.0$，$Re = 10\ 000$，后附彩图）

模态压力扰动特征函数实部，在两侧都是波动衰减的。慢模态与快模态兼具声模态和涡模态扰动特征，因此称为混合模态。

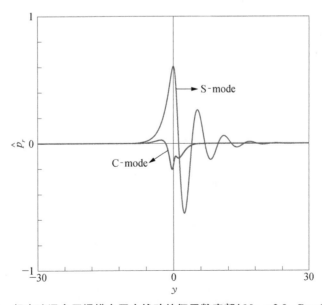

**图 6.42**　超声速混合层慢模态压力扰动特征函数实部（$Ma_c = 2.0$，$Re = 10\ 000$）

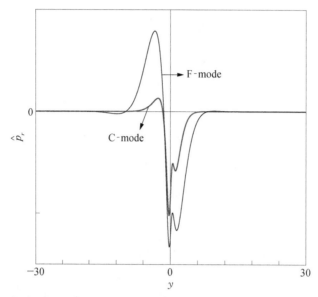

图 6.43  超声速混合层快模态压力扰动特征函数实部( $Ma_c = 2.0$ ,  $Re = 10\,000$ )

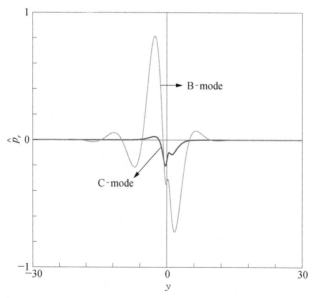

图 6.44  超声速混合层声模态压力扰动特征函数实部( $Ma_c = 2.0$ ,  $Re = 10\,000$ )

进一步在平均流动中引入各类扰动,观察扰动与流动结构的对应关系。扰动的施加方法如下式:

$$u(0, y; t) = \bar{u}(0, y) + a_0\big[\hat{u}_r(y)\cos(-\omega_r t) - \hat{u}_i(y)\sin(-\omega_r t)\big] \quad (6.42)$$

图 6.45 为涡模态扰动空间图像,可以看到扰动能量集中在混合层中心区域,这也是该类扰动称为中心模态的原因,该类扰动最终增长放大后表现为旋涡。图 6.46 为慢模态扰动空间图像,扰动在高速侧即相对超声速一侧辐射,呈现压缩–膨胀结构,结构倾角为马赫角。图 6.47 为快模态扰动空间图像,扰动在低速侧往外辐射,也呈现压缩膨胀结构。图 6.48 为声模态扰动空间图像,扰动往两侧辐射,扰动能量集中在辐射区域。

图 6.45　超声速混合层涡模态扰动空间图像(压力云图与等值线图,$Ma_c = 2.0$, $Re = 10\,000$)

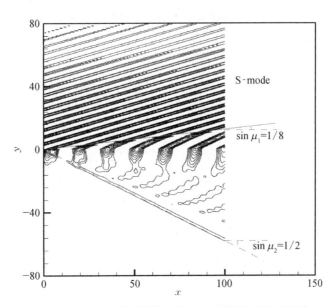

图 6.46　超声速混合层慢模态扰动空间图像(压力云图与
等值线图,$Ma_c = 2.0$, $Re = 10\,000$)

需要指出的是,采用线性稳定性分析方法研究超声速扰动,相比于亚声速扰动需要更大的横向距离和更密的网格。本章介绍的分析结果对应分析域半宽 $y_L = 300$,分析网格点数 $y_L = 3\,001$,约亚声速扰动分析所需的 10 倍。

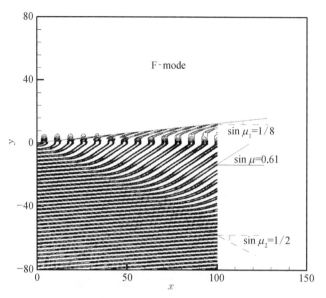

图 6.47　超声速混合层快模态扰动空间图像(压力云图与
　　　　等值线图,$Ma_c = 2.0$, $Re = 10\ 000$)

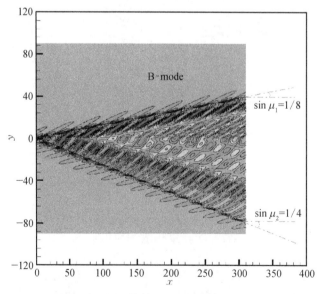

图 6.48　超声速混合层声模态扰动空间图像(压力云图与
　　　　等值线图,$Ma_c = 2.0$, $Re = 10\ 000$,后附彩图)

## 6.6　可压缩混合层的流动显示试验

从前面的讨论可以看到,混合层具有丰富的流动结构。本节讨论如何利用流动显示技术来获取可压缩混合层流动结构,尤其是获取三维流动结构。

### 6.6.1　试验设备与流动显示技术

此处介绍的流动显示技术为文献[16]和文献[17]中所介绍的基于纳米示踪的平面激光散射(nano-tracer planar laser scattering, NPLS)技术。NPLS 技术试验系统如图 6.49 所示,由 YAG 激光器、CCD、光学系统、工作站等构成。NPLS技术涉及平面激光技术、纳米技术和控制技术等多个学科,本节对其中的几个关键技术进行简要的介绍。

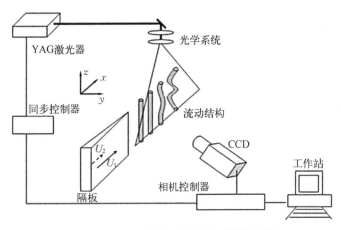

**图 6.49　NPLS 技术流动显示系统示意图**

NPLS 技术中第一个关键技术是纳秒量级的激光脉冲。相对于低速流动,高速流动一个显著的特点是流动特征时间要小得多,为微秒量级,不能仅靠 CCD来捕捉流场瞬态结构,因为 CCD 的曝光时间一般也在微秒量级,与流动特征时间相当。因此,NPLS 技术中采用脉宽为 5 ns 的双腔 YAG 激光器为光源,在几个纳秒的时间内,超声速流场可以看成是冻结的,此时 CCD 捕捉到的是流场的瞬态结构。

NPLS 技术中第二个关键技术是纳米量级的示踪粒子。对于超声速气流,用颗粒来显示流场,粒子的跟随性至关重要。通常用 Stokes 数($St$)作为参数来评价颗粒对气流的跟随性,$St$ 数定义为颗粒特征时间 $\tau_p$ 与流动时间尺度 $\tau_f$ 的比值。当颗粒相对气流运动的马赫数和雷诺数都较低,以及颗粒尺寸很小时,可以采用 Melling[18] 在 1986 年提出的阻力关系式来确定颗粒的特征时间。

$$C_D = \frac{24}{Re_d(1 + 2.7\,Kn_d)} \tag{6.43}$$

其中,$Re_d$ 和 $Kn_d$ 分别为颗粒相对气流运动的雷诺数和 Knudsen 数,都是颗粒直径的函数。根据这一关系,可以导出颗粒的特征时间如下式所示:

$$\tau_p = \frac{\rho_p d_p^2}{18\mu}(1 + 2.7\,Kn_d) \tag{6.44}$$

其中,$\rho_p$ 和 $d_p$ 分别为颗粒的质量密度和直径;$\mu$ 为气体的动力黏性。本试验中采用纳米量级的 TiO$_2$ 颗粒作为示踪粒子,根据上式可以估算出它的特征时间量级约为 10 ns,而气流的时间尺度可以由 $\delta/\Delta U$ 来估算,近似为 10 μs,所以 $St \ll 1$,可以保证粒子具有良好的跟随性。考虑到实际中颗粒可能会发生的团聚等自身的相互作用,示踪粒子的实际尺寸会相应增加。Urban 和 Mungal[19] 测量了他们在试验中加入的直径为 15 nm 的 TiO$_2$ 颗粒的等效直径为 400 nm,颗粒等效特征时间为 3.5 μs,说明 $St \ll 1$ 这一关系仍然得到了保证。另一个值得注意的现象是试验中观察到明显的光偏振现象,这说明散射光为瑞利散射,瑞利散射从侧面说明散射颗粒的直径远小于被散射光波的波长,也说明本试验中颗粒等效直径是比较小的,符合颗粒跟随性要求。

NPLS 技术中第三个关键技术是时间精度为 10 ns 量级的同步控制器。同步控制器的作用是保证在 CCD 曝光的同时激光器发出脉冲,两者在时序上同步。

试验所用的平面激光由图 6.50 所示的光学系统产生。YAG 激光器发出的准直光束经柱透镜之后在 $y$ 方向仍为准平行光束,在 $x$ 方向发散,对凸透镜而言,因为 $y$ 方向为准平行入射光线,所以通过凸透镜之后在 $y$ 方向汇聚,在光束束腰附近,即焦距 $f$ 距离处,激光片光的厚度约为 0.5 mm,而在 $x$ 方向进一步发散,由此产生了满足试验要求的平面激光光源。

通过流动显示技术,能否获得关于失稳结构的有用信息,还取决于风洞的流场品质。如果风洞背景噪声过大,混合层流场将经历"bypass"转捩,即直接逾越线性失稳与二次失稳过程而直接进入湍流。图 6.51 所示为国防科技大学的吸气式双喷管超声速混合层风洞。风洞主体由稳定段、双喷管与试验段三部分构

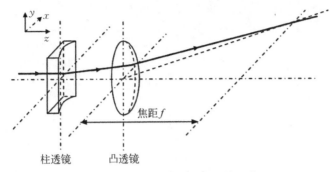

图 6.50　NPLS 技术中的光学系统

成。双喷管风洞型面设计中考虑了边界层修正。风洞的相应配套设备包括总压调节器及真空设备等。总压调节器的作用是可以连续调节总压,动态实现混合层的压力匹配,避免出现强的膨胀-压缩波系。来流流体通过干燥设备、除尘设备和温度调节设备,以实现无冷凝、无明显灰尘影响的超声速气流混合。从后文的试验结果将看到,该风洞建立的流场品质很好。

图 6.51　吸气式双喷管超声速混合层风洞照片

### 6.6.2　K-H 失稳结构的显示与测量

试验流动参数如表 6.4 所列,对流马赫数 $Ma_c = 0.5$。

表 6.4　超声速混合层试验参数

|  | 高速流体 | 低速流体 |
| --- | --- | --- |
| $Ma$ | 3.51 | 1.40 |
| $P_0/\mathrm{Pa}$ | 101 325 | 4 173.9 |

（续表）

|  | 高 速 流 体 | 低 速 流 体 |
|---|---|---|
| $P_s$/Pa | 1 311.6 | 1 311.6 |
| $T_0$/K | 300 | 300 |
| $T_s$/K | 86.6 | 215.5 |
| $U$/（m/s） | 654.7 | 412.1 |
| $\rho$/（kg/m³） | 0.052 7 | 0.021 2 |

　　试验记录了 $x-y$ 平面和 $x-z$ 平面上超声速混合层的形态,如图 6.52 和图 6.53 所示。可以看到,在 $x-y$ 平面上（图 6.52）,混合层经历平直的层流段后开始蜿蜒,卷曲形成规则展向旋涡,其后结构出现次生结构,开始变得不规则,最终破碎成空间尺寸更小的结构,进入湍流状态。在 $x-z$ 平面上（图 6.53）,混合层经历层流段后,首先出现的是准直条带,可以推断它对应的是展向旋涡,其后,这些准直条带发生了变形,与 $x-y$ 平面上的图像相结合,可以推断混合层空间结构在很短的距离内发生了倾斜、弯曲和拉伸,甚至扭转、断裂和破碎,流动呈现出明显的三维性质。而且可以看出,流动三维化的进程迅速而激烈。三维结构使混合区域扩大,混合效率明显提高。

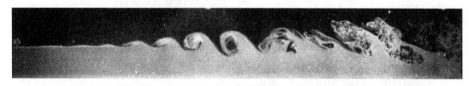

**图 6.52　$x-y$ 平面上超声速混合层瞬时流场结构**

**图 6.53　$x-z$ 平面上超声速混合层瞬时流场结构**

　　此外,在试验中还观察到一类特殊的现象。如图 6.54 所示。混合层本来已经卷曲形成了较为明显的展向旋涡,但又回复到平直的层流状态,然后再次卷曲形成展向旋涡。这种现象应该是间歇现象。

**图 6.54　超声速混合层中的间歇现象**

图 6.52~图 6.54 还反映了本次流动显示试验的一些特点：第一，混合层前期有较长的层流段，说明流场品质较佳；第二，图片中明亮区域代表高速流体，原因是高速气流密度相对较高，携带的粒子浓度高，散射光强较强；第三，图片中结构边界较为清晰，原因是纳秒级曝光时间，流动被"冻结"，避免了重影等问题的出现。

清晰的结构边界使得这些图片可以被用来测量 K-H 失稳结构的参数，即不稳定波的波长、频率和相速度。这些参数也可以通过计算获得。本书对这两种方法所获结果进行了对比。

在测量中，由高分辨率流动显示图片直接测量了相邻结构间的流向间距，作为失稳结构的波长，记为 $\lambda$，通过两幅时间互相关图片测量得到结构对流输运速度，记为 $U_c$，根据式（6.45），计算得到结构的空间频率，并记为 $\omega$。在计算中，先由线性稳定性分析方法获得混合层最不稳定扰动波的频率，并由等熵假设下的理论公式（6.46）计算得到混合层对流输运速度，最后通过二维直接数值模拟获得不稳定扰动波的波长。

$$U_c = \omega\lambda \tag{6.45}$$

$$U_c = \frac{a_2 U_1 + a_1 U_2}{a_1 + a_2} \tag{6.46}$$

首先是无附加扰动的混合层。图 6.55 是无附加扰动时失稳结构参数的测量值与计算值的比较。可以看到，测量的流向涡间距值为 20.0~20.4 mm，计算值为 20.1 mm，两者之间仅有微弱的区别，这一结果证实了 Pierrehumbert 和 Widnall[20] 的研究结果，即混合层中相邻涡的流向涡间距等于流向最不稳定波波长。测量的对流输运速度为 520.5 m/s，比计算结果 560.6 m/s 小 7% 左右。频率的试验值为 25.8 kHz，计算值为 27.9 kHz，为高频扰动。

图 6.56 是入口施加谐频扰动时失稳结构参数的测量值与计算值的比较结果。计算中，扰动通过正弦三角函数的形式引入，无量纲幅值为 0.001。试验中，扰动通过在混合层高速流体一侧的隔板上粘贴厚度为 0.5 mm 左右的矩形金属

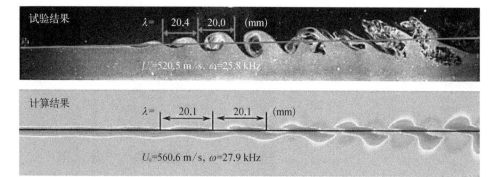

**图 6.55　超声速混合层失稳结构参数的试验结果与计算结果(无附加扰动情形)**

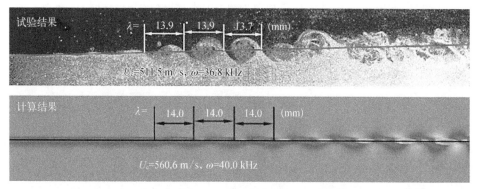

**图 6.56　超声速混合层失稳结构参数的试验结果与计算结果(附加谐频扰动)**

片引入。此时,测量的流向涡间距值约为 13.9 mm,计算值为 14.0 mm,两者之间的差别很小,但远小于基频波的波长,其原因应当是谐频扰动共振引起的非线性效应。测量的对流输运速度为 511.5 m/s,同样小于理论值 560.6 m/s。频率的试验值为 36.8 kHz,计算值为 40.0 kHz,比无附加扰动时更高。

通过对比可知,不论是无附加扰动的工况,还是附加谐频扰动的工况,试验和计算结果均非常一致,即两种方法的结果得到了相互验证。

这些图片同样可以用来测量混合层厚度增长率,测量方法如图 6.57 所示,

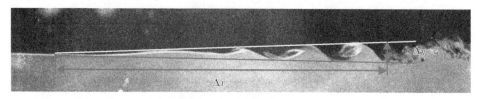

**图 6.57　混合层厚度增长率示意图**

即在混合层厚度线性增长区域,分别测量得到厚度 $\Delta y$ 和流向距离 $\Delta x$,再按式 (6.47)计算获得混合层厚度增长率。

$$\delta' = \frac{\Delta y}{\Delta x} \tag{6.47}$$

从试验中随机抽取一次实验所获的 20 幅图片,对每幅图片都按上述方法进行测量,再以测量数据为样本进行系综平均获得混合层的平均厚度增长率。测量结果如图 6.58 所示,平均厚度增长率为 0.057。测量结果还反映出,部分样本值远离平均值,检查这些点对应的图片发现,此时混合层二维展向旋涡间存在对并现象。也就是说,对并是混合层厚度增长的重要机制。如果在平均过程中不计这些存在对并的样本点,平均厚度增长率降为 0.053,降幅为 7%。

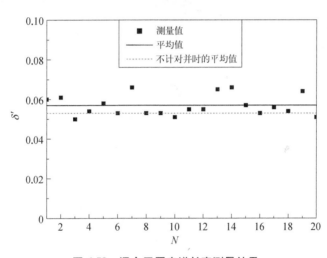

图 6.58 混合层厚度增长率测量结果

### 6.6.3 混合层三维结构的流动显示

二次失稳结构不同于 K-H 失稳结构,主要是由"Λ"型三维结构构成。为此,需要对片光流动显示技术进行改进,使之适合三维结构的流动显示。

平面激光是没有厚度的片光,因此,平面激光流动显示技术从根本上就不适合三维结构。在极其偶然的情况下,即三维结构存在或近似存在主平面,且恰好位于平面激光所在平面上时,平面激光流动显示技术也能够获得该三维结构的概貌,例如图 6.59 中所示的后掠结构,但这一事件的概率极低。通常,平面激光只能简单截取三维结构,获得图 6.60 中所示的"孔洞"结构,作为冰山一角,不能说明问题。

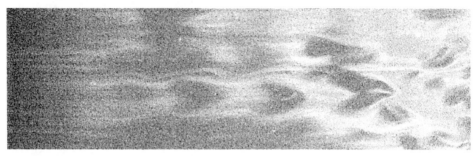

图 6.59　NPLS 技术显示的后掠结构

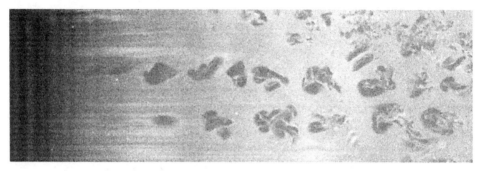

图 6.60　NPLS 技术显示的"孔洞"结构

为此,提出采用有厚度的片光来取代平面激光,对流动显示技术进行修改。

修改之后的流动显示技术如图 6.61 所示,与平面激光流动显示技术相比,主要不同有两处:一是有厚度片光取代了平面激光,记片光厚度为 $L$,在试验中必须根据待观察结构的横向尺寸 $\delta$ 进行调整,两者必须相当,如果 $L < \delta$,即结构仍只是局部被照亮,其效果同平面激光流动显示试验,如果 $L > \delta$,将包含过多的背景结构,对图片造成干扰;二是 CCD 镜头轴线与片光主平面斜交而不是正交,本试验中,CCD 镜头的仰角 $\alpha$ 约为 30°,目的是增加三维结构的视角,CCD 轴线与流动法向夹角 $\varphi$ 约为 45°,是因为试验中有光偏振现象,调整 CCD 角度以获得最强散射光强。

有厚度的片光由图 6.62 所示的光学系统产生。YAG 激光器发出的准直光束经柱透镜 1 之后在 $y$ 方向仍为准平行光束,在 $x$ 方向发散,经柱透镜 2 之后,在 $y$ 方向扩散,在 $x$ 方向有轻微的折射,最后通过凸透镜,调整凸透镜的位置,使其焦点与 $y$ 方向入射光线交点会合,将之转化为厚度为 $L$ 的准平行片光,$x$ 方向入射光线则进一步发散,最终形成图 6.61 中所示的具有厚度 $L$、发散角 $\varphi$ 大小的片光,满足流动显示的需要。图 6.62 与图 6.50 最大的不同是多了一块柱透镜

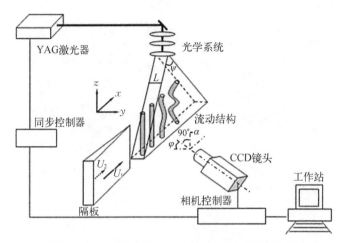

**图 6.61　改动之后的 NPLS 流动显示系统示意图**

（柱透镜 2），其目的是将 YAG 激光器产生的准直激光不仅在 $x$ 方向，同时也在 $y$ 方向扩束，并最终在凸透镜的作用下形成适当厚度的片光。

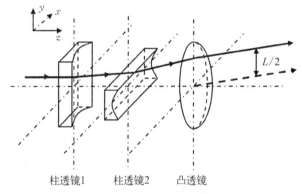

**图 6.62　改动之后的 NPLS 的光学系统**

　　图 6.63 是利用修改之后的 NPLS 技术获得的单个 Λ 涡结构图片，较为清晰地显示了这种三维结构，它显示的是一个前掠的 Λ 涡结构。该结构主体由高速流体组成，其"头部"偏向低速流体一侧，"足"仍留在高速流体一侧，因此表现为前掠形态。

　　图 6.63 还反映了修改之后流动显示图片的一些特点：图片各部分清晰度有差异，原因是结构上各部分离 CCD 镜头的焦平面距离不同，造成成像质量不同；图片各部分的亮度是一个积分效果。平面激光流动显示技术中，显示图片与空间平面上的点具有一一对应关系，图片上任意一点的散射光可等效地认为全部

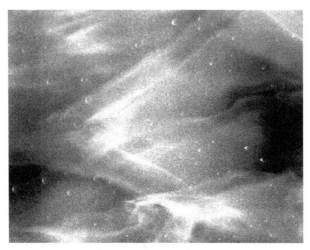

图 6.63　改动之后 NPLS 技术显示的单个 Λ 涡结构

来自其对应的空间点。但在修改的流动显示技术中,这种一一对应关系被破坏。这两点是修改所带来的负面效果,也是流动显示技术中大多采用平面激光技术的原因。但是,有厚度的片光显著提高了捕捉三维结构的能力。另一个重要的进步是,利用人类通过景深来判断事物空间位置相对关系的能力,采用修改之后的流动显示技术所获图片能够部分反映三维结构空间信息。

　　为了提高三维结构的捕获概率,人为引入三维扰动。三维扰动由三角形扰动片引入,扰动片的布置如图 6.64 所示。图 6.65 为施加该三维扰动时流场某瞬

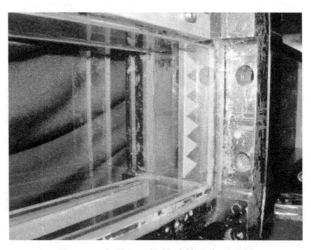

图 6.64　布置了三维扰动的混合层风洞

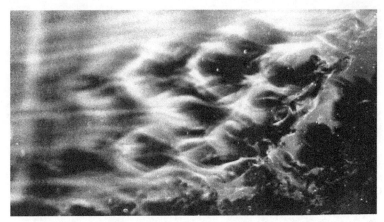

图 6.65　超声速混合层 H-型二次失稳结构(流动显示)

时的照片,清晰地记录了 H-型二次失稳结构。它与图 6.16 有相同的结构特征,即 Λ 涡结构在流向和展向交错排列,表明试验记录的是 H-型二次失稳结构。

从上面讨论可以看到,二次失稳结构的流动显示必须满足三个条件:一是流场的背景噪声必须足够低,以保证二次失稳过程能够存在;二是必须有能够快速捕捉三维结构的流动显示技术;三是所施加的三维扰动的参数必须适当,试验中也发现,二次失稳对三维扰动波的展向波长具有明显的选择性。

## 6.7　混合层控制原理

二维和三维失稳结构是超声速混合层发展演化的初期阶段,显著影响了其后整个流场的形态,因此,可以利用流动稳定性,通过施加扰动的方式实现对混合层的流动控制。从 6.2 节可知,利用二维亚谐作用机制可以增加混合的宏观尺度,从 6.3 节可知,利用二次失稳可以加速混合层转捩进入湍流,保证混合的质量,从 6.4 节还可知,亚谐作用机制比较强时,混合层会发生对并,抑制三维扰动的发展[21],出现间歇现象,这些认识蕴含了混合层的控制原理。计算和试验[22-25]也表明,这是增强混合的有效途径。本节利用上文所述平面激光流动显示技术开展混合增强技术研究[26]。

扰动以混合层隔板上粘贴扰动片的形式引入。图 6.66 是矩形扰动片的示意图,引入的是二维扰动,首先通过对比试验来确定扰动片的几何参数。矩形扰动片

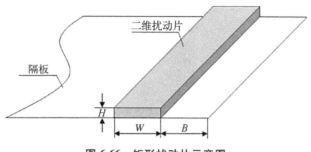

图 6.66　矩形扰动片示意图

有三个主要参数需要确定,分别是扰动片的厚度 $H$、宽度 $W$、到隔板后缘的距离 $B$。

扰动片的厚度 $H$ 决定了扰动幅值。Island 等[24] 的研究表明,在 $H/\delta_{99} \leqslant$ 25% 范围内( $\delta_{99}$ 为混合层高速流体侧隔板边界层流动的名义厚度),随着 $H$ 的增厚混合强化效果增加,但超过上述范围,这一趋势不再保持。通过 PIV 技术可以精细测量了隔板后缘局部流动的速度场(图 6.67),积分获得了 $\delta_{99} \approx 2$ mm。因此,本试验中 $H$ 定为 0.45 mm,约等于 $\delta_{99}$ 的 22.5%。

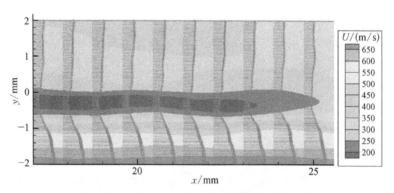

图 6.67　PIV 技术给出的隔板后缘局部速度场

扰动片的宽度 $W$ 决定了扰动频率。隔板边界层流动扫掠过扰动片的时间确定了扰动频率,该时间由扰动片宽度和边界层流动速度共同决定。无附加扰动时,二维最不稳定波的频率 $\omega$ 约为 25.8 kHz,PIV 测量结果给出边界层在 $H = 0.45$ mm 高度处的速度 $v$ 约为 141.4 m/s,由此确定 $W = v/\omega = 5.5$ mm。 为确认这一分析值,对 $W = 3$ mm、5.5 mm 和 7 mm 这三种不同宽度的扰动片进行对比试验。图 6.68 为试验结果。可以看出,5.5 mm 扰动片引入的扰动增长最快,可以推断,它引入的扰动波最接近混合层的最不稳定扰动波。因此,分析值 5.5 mm 作为后续试验的一个基准长度。

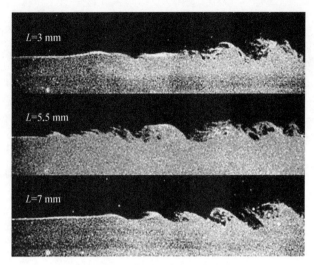

**图 6.68　二维扰动片宽度效应**

　　扰动片到隔板后缘的距离 $B$ 显著影响扰动效果。对比试验发现,$B$ 越小,混合层发展越快。通过图 6.69 中比较了 $B = 5.5$ mm 和 10 mm 两种情形,充分说明了这一趋势。当 $B$ 很小时,混合层发展过快,不利于分析其他扰动参数的效果;当 $B$ 过大时,一是扰动效果不明显,二是可能影响风洞喉道附近流动。因此,经综合考虑,后续试验中该距离都固定为 5.5 mm。

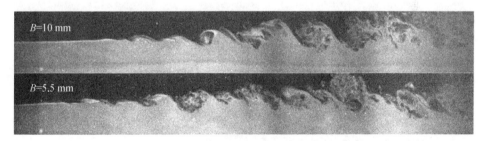

**图 6.69　二维扰动片到隔板后缘的距离效应**

　　根据这些参数,本试验设计了三种扰动形式,如图 6.70 所示,分别记为 T1、T2 和 T3 扰动,其中 T1 为二维扰动,其他均为三维扰动。T1 全由矩形扰动片组成,第一个扰动片宽 11 mm,第二个扰动片宽 5.5 mm;T2 扰动由一个矩形扰动片和一组三角形扰动片组成,矩形扰动片宽 5.5 mm,三角形扰动片底宽和高均为 5.5 mm;T3 扰动与 T2 扰动类似,不同的是三角形底宽 11 mm,即改变了扰动波的展向波长。本节将用试验方法定性评估这三种扰动的扰动效果。

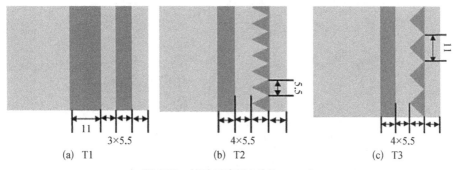

图 6.70  扰动示意图(单位: mm)

### 6.7.1  二维扰动流动控制

图 6.71 为施加 T1 二维扰动与无附加扰动时的流动显示结果。图 6.71(a)是无附加扰动所有图片中发展最快的,图 6.71(b)则是施加扰动后所有图片中发展最慢的,即便如此,图 6.71(b)中流动发展仍明显快于图 6.71(a),并且混合区域的横向尺寸显著增加。这说明 T1 扰动促进了混合层发展,增强了混合。图 6.71(b)还表明,T1 这种亚谐形式的二维扰动主要是通过促进涡对并这种机制来增强混合。

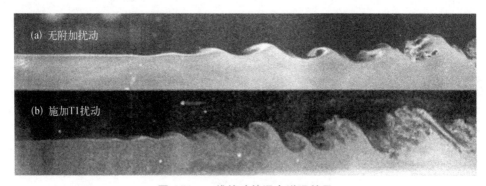

图 6.71  二维扰动的混合增强效果

与理论上亚谐二维扰动抑制三维波的发展不同,试验中施加亚谐二维扰动后,混合层的三维性似乎发展更快。可能原因是虽然试验设计为二维扰动,但实际很难保证二维性。一方面是由于风洞侧壁的影响,混合层流动即便在前期也不是完全的二维流动;其次,亚谐扰动促发对并,引起混合层横向尺寸快速增加,试验中容易受到风洞壁面边界层的干扰。

### 6.7.2　三维扰动流动控制

图 6.72 为施加 T2 和 T3 三维扰动与无附加扰动时的流动显示结果。同样可以看到,施加扰动后混合层发展明显加快,同时,扰动诱导出尺寸更加细碎的结构,流动三维性质明显增强,混合效率提高。相比而言,施加 T3 扰动后,混合区域的横向尺寸比 T2 扰动的要大,说明混合更强。该现象说明混合层对扰动的展向波长有选择性。

**图 6.72　三维扰动的混合增强效果**

三维扰动主要通过诱导流向涡结构促进流动三维性质来增强混合。图 6.73

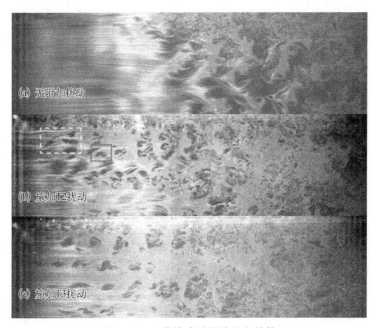

**图 6.73　三维扰动诱导的流向结构**

是不同情况下 $x-z$ 平面上流动显示结果。可以看到,三维扰动在原本为层流状态下的区域较早地引入了流向结构(图中虚线方框所示)。这些流向结构相互干扰,三维扰动展向波长合适,混合增强效果强,但最优的扰动参数需要更多更细致的研究,包括试验和计算。

## 参考文献

[ 1 ] Bogdanoff D W. Compressibility effects in turbulent shear layers[J]. AIAA Journal, 1983, 21(6): 926-927.

[ 2 ] Papamoschou D, Roshko A. Observations of supersonic free shear layers[R]. AIAA Paper 86-0162, 1986.

[ 3 ] Ho C M, Huang L S. Subharmonics and vortex merging in mixing layers[J]. Journal of Fluid Mechanics, 1982, 119: 443-473.

[ 4 ] 杨武兵,沈清,王强.基频涡卷群并作用的唯象模型与数值分析[J].力学学报,2012,44(1): 1-12.

[ 5 ] 杨武兵,沈清,王强.可压缩空间发展混合层亚谐扰动作用分析[J].2014,46(1): 37-43.

[ 6 ] Herbert T H. Secondary instability of boundary layers [J]. Annual Review of Fluid Mechanics. 1988, 20: 487-498.

[ 7 ] Shen Q, Yuan X J, Zhang H X. Numerical simulation on a planar supersonic free shear flow with mixing enhancement [J]. Computational Fluid Dynamics Journal, 2004, 13(2): 233-240.

[ 8 ] Shen Q, Zhuang F G, Guan F M. Numerical simulation on a planar supersonic free shear layer secondary instability[R]. AIAA Paper 2006-3351, 2006.

[ 9 ] Yang W B, Shen Q, Wang Q, et al. Analysis on secondary instability of shear layer based on the concept of phase synchronization [J]. Theoretical & Applied Mechanics Letters, 2014, 062001.

[10] 罗俊荣,沈清,张涵信.二维超声速剪切层的非线性失稳过程分析[J].空气动力学学报, 2002,20(3): 282-288.

[11] 关发明.超声速平面混合层非线性失稳[D].北京:中国航天空气动力技术研究院,2008.

[12] 沈清,王强,庄逢甘.超声速平面剪切层声辐射涡模态数值分析[J].力学学报,2007,39(1): 7-14.

[13] Yang W B, Gao Z, Shen Q, et al. Acoustic mode in plane free mixing layers[J]. Advances in Applied Mathematics and Mechanics, 2019, 11(3): 630-639.

[14] Sandham N D. A numerical investigation of the compressible mixing layer [D]. Palo Alto: Stanford University, 1989.

[15] 王强.可压平面混合层稳定性分析及数值模拟[D].北京:中国科学院力学研究所,1999.

[16] 赵玉新,易仕和,何霖,等.超声速湍流混合层中小激波结构的实验研究[J].国防科技大学学报,2007,29(1): 12-15.

[17] 赵玉新,田立丰,易仕和,等.压力不匹配混合层流场结构的实验研究[J].实验流体力学.2007,21(3)：14-17.

[18] Melling A. Seeding gas flows for laser anemometry[C]. In AGARD CP-399：Conference on Advanced Instrumentation for Aero Engine Components, 1986, 8.1-8.11.

[19] Urban W D, Mungal M G. Planar velocity measurements in compressible mixing layers[J]. Journal of Fluid Mechanics, 2001, 431：189-222.

[20] Pierrehumbert R T, Widnall S E. The two-dimensional and three-dimensional instabilities of a spatially periodic shear layer[J]. Journal of Fluid Mechanics, 1982, 114：59-82.

[21] Watanabe S, Mungal M G. Velocity field measurements of mixing-enhanced compressible shear layers：effects of disturbance configuration[R]. AIAA Paper 2000-0092, 2000.

[22] Guan F M, Shen Q, Zhuang F G, et al. Three-dimension numerical simulation on controlled stability of a planar supersonic free shear layer[R]. AIAA Paper 2007-1311, 2007.

[23] 曹伟,周恒.二维超音速混合层增强混合的研究[J].中国科学(A辑),2002,32(2)：150-157.

[24] Island T C, Urban W D, Mungal M G. Small-perturbation mixing enhancement in compressible shear layers[R]. AIAA Paper 97-0395, 1997.

[25] Watanabe S, Mungal M G. Velocity field measurements of mixing-enhanced compressible shear layers[R]. AIAA Paper 99-0088, 1999.

[26] 杨武兵,庄逢甘,沈清,等.超声速混合层中扰动增强混合实验[J].力学学报,2010,42(3)：373-382.

# 第 7 章

## 湍流应用案例

　　本书最后介绍几个湍流应用案例。在此之前，不妨回顾我国近代力学和航天事业的奠基人——钱学森先生对于力学学科的认识：力学是一门技术科学。技术科学的工作的确是综合基础科学和工程技术的工作，是具有高度创造性的工作，而它的研究方法是理论和实验并重的，决不能偏重一面。技术科学基本上是为工程技术服务的科学。[1]

　　这一理念一直在指导我们的湍流研究及工程实践。本章将介绍三项湍流应用案例，分别是超燃冲压发动机进气道人工转捩技术、超燃冲压发动机燃烧室混合增强技术及非对称转捩诱发钝锥再入体飞行失稳的建模与仿真技术。每项技术又分别从工程需求、湍流理论与应用效果三个方面进行论述，以此践行技术科学的思想，探讨湍流应用的策略与方法。

## 7.1　超燃冲压发动机进气道

### 7.1.1　背景介绍

　　超燃冲压发动机进气道流动十分复杂[2]，主要体现在进气道压缩激波强度大，激波/边界层干扰效应十分严重。强的激波/边界层干扰效应会导致进气道隔离段入口处的边界层发生分离，该分离区的存在会造成进气道总压恢复系数、流量系数等性能下降，尤其当进气道入口边界层为层流时，分离会十分严重，即使在设计点同样会导致进气道堵塞，使得优化设计结果失效。而湍流则能够有效抑制由于激波边界层干扰引起的大分离区导致的性能降低甚至堵塞现象。

　　图 7.1 给出了典型二元三楔四波系超燃进气道，在 $Ma = 6$ 状态下，边界层为层流和湍流两种状态下的隔离段入口流动的数值模拟结果。计算结果表明[3]，

在层流状态时,进气道隔离段入口出现了很强的分离流动,使进气道几乎堵塞;而湍流状态时,分离流动显著减弱,进气道具有良好的起动性能。

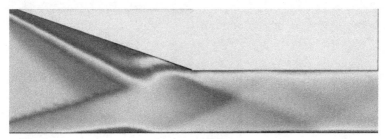

(a) 层流状态

(b) 湍流状态

图 7.1　超燃冲压发动机进气道层流和湍流计算结果

事实上,20 世纪 90 年代,美国在 Hyper-X 计划中发现超燃冲压发动机进气道存在不起动问题,因此系统地研究了湍流化技术[4-7],包括随机粗糙颗粒、孤立球形颗粒、孤立钻石体和后掠斜坡涡流发生器,如图 7.2 所示。

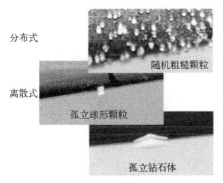

图 7.2　Hyper-X 中研究的几类人工转捩技术

Hyper-X 计划实施过程中,对后掠斜坡涡流发生器开展了细致研究。图 7.3 为三种外形的几何形状,包括棱台结构、后掠结构和前掠结构。控制装置的主要参数为高度和展向间距。试验结果表明,在 Hyper-X 试飞器需求飞行状态下,对比最高尺寸的棱台结构和后掠结构,后者的转捩促发效果不如前者,但其最小的结构和湍流旋涡的持续性以及潜在的加热性能更好,因此综合考虑,选择后掠斜坡涡流发生器作为最终方案,并用于 X-43 和 X-51 试验飞行器。

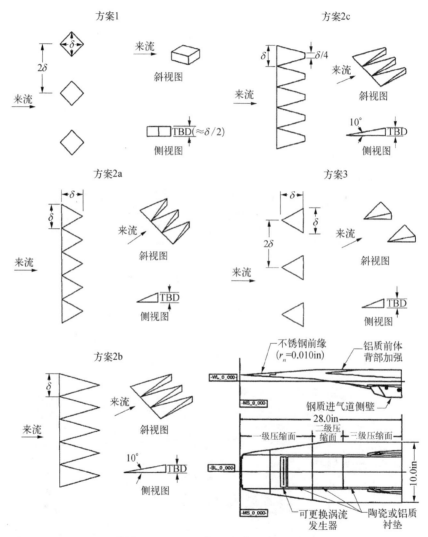

**图 7.3　Hyper-X 中研究过的涡流发生器**

涡流发生器的技术原理如图 7.4 所示。边界层流动流经控制装置产生绕流,形成三维后掠涡结构,这种结构类似边界层马蹄涡结构。边界层马蹄涡结构一般出现于转捩后期,一旦出现,边界层将快速完成转捩进入湍流状态。换言之,控制装置直接在边界层内引入了三维后掠涡结构,从而达到了快速湍流化的目的。因此,涡流发生器是一种快速且非线性的人工转捩装置。

图 7.4　涡流发生器技术原理

涡流发生器的湍流化效果很好,但也存在以下缺点:由于发生器高度需求,会产生局部激波,局部出现峰值热流,同时带来总压损失。此外,涡流发生器在展向形成高低速条带,对来流干扰很大,破坏了流动的均匀性。更为重要的是,由于涡流发生器的非线性转捩原理,导致难以进行科学的匹配设计。上述问题使我们思考性价比更高的湍流化控制原理和技术。

高超声速边界层最不稳定波为二维的第二模态扰动,但是,边界层转捩阶段流动一定是三维的,因此,要促进边界层转捩,必须引入三维扰动。让三维扰动快速增长的方法之一是利用三波共振原理。Herbert 的二次失稳理论进一步指出,边界层存在两种类型的二次失稳:一类是三维扰动波流向波数是二维波波数的一半,即亚谐波,此时出现 H-型二次失稳;另一类是三维扰动波流向波数与二维波波数相等,即谐波,此时出现 K-型二次失稳。由于 K-型二次失稳的非线性效应和多波相互作用都比较强,难以进行量化设计应用。因此,我们将亚谐波二次失稳理论应用于超燃冲压发动机进气道边界层人工转捩中。

我们通过锯齿形薄片引入三维扰动[8-10]。图 7.5 为三维锯齿形薄片对边界层流动的影响,模拟的马赫数为 5,单位来流雷诺数为 $2.27 \times 10^7$ m$^{-1}$,可以看到,来流经过锯齿形薄片,基本保持二维流动形态,但也可看到,二维结构上附加出现了三维波。与图 7.4 对比可以看到,两者差别明显,涡流发生器的作用很强,瞬间改变流动形态,产生明显的流向涡,而三维锯齿形薄片产生扰动波。

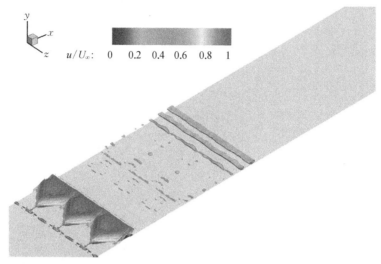

**图 7.5　三维锯齿形薄片对边界层流动的影响（$Ma = 5$，$Re/L = 2.27 \times 10^7 \ \mathrm{m^{-1}}$，后附彩图）**

　　这种三维扰动波在下游能够引起边界层转捩。图 7.6 为有锯齿形薄片和无锯齿形薄片的密度梯度云图，可以看到，没有锯齿形薄片时，边界层流动未发生转捩，而有锯齿形薄片时，边界层流动发生了转捩，表明锯齿形薄片引入的三维扰动波在转捩过程中发挥了重要作用，达到了提前转捩的控制目的。图 7.7 为三维空间图像。

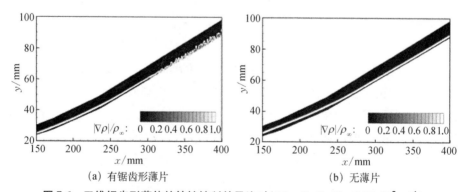

（a）有锯齿形薄片　　　　　　　　　　　（b）无薄片

**图 7.6　三维锯齿形薄片的转捩控制效果比对（$Ma = 5$，$Re/L = 2.27 \times 10^7 \ \mathrm{m^{-1}}$）**

### 7.1.2　人工转捩装置设计与风洞试验验证

　　基于亚谐波二次失稳理论，我们对人工转捩装置进行了设计，并在中国航天空气动力技术研究院常规高超声速风洞中对上述技术开展验证性试验[10]。FD-

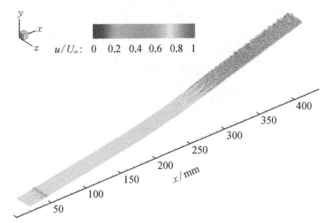

**图 7.7 三维锯齿形薄片引起的边界层转捩($Ma=5$, $Re/L=2.27\times10^7$ m$^{-1}$, 后附彩图)**

07 风洞是一座暂冲、吹引式高超声速风洞,采用更换喷管的方法改变马赫数。试验马赫数范围为 4~8,喷管出口直径为 500 mm,带封闭室的自由射流试验段尺寸为 1 880 mm×1 400 mm×1 130 mm。配备插入机构的攻角变化范围为-10°~50°,侧滑角变化范围为-10°~10°,雷诺数模拟范围为 $0.4\times10^7 \sim 1.4\times10^8$ m$^{-1}$。

试验条件见表 7.1。在规定的试验条件下,进气道前体边界层均为层流状态。

**表 7.1  来 流 条 件**

| $Ma$ | $P_t$ /MPa | $q_\infty$ /kPa | $T_t$ /K | $(Re/L)$ /m$^{-1}$ |
|---|---|---|---|---|
| 5.93 | 1.03 | 17.2 | 452.4 | $1.01\times10^7$ |
| 4.94 | 1.03 | 35.9 | 361 | $2.28\times10^7$ |

进气道模型为二元三楔四波系结构,设计工作马赫数: $Ma=6$,进气道全长 $L=565.67$ mm,内收缩比 CR$_{in}=1.66$,总收缩比 CR=5.8,模型缩比为 1∶3,图 7.8 给出了进气道模型结构尺寸。

图 7.9 为人工转捩带构型与实际安装效果图。它同时引入了一对三维谐波和一对三维亚谐波,其后缘也同时产生了二维波,这种设计能够提高控制的可靠性和获得更宽范围的适用性。转捩带由 0.2 mm 厚铝合金材料切割而成,距前缘 40 mm,流向和展向尺寸根据马赫数 6 的线性稳定性分析结果设计。

图 7.10 为风洞试验结果,可以看到,在没有转捩带时,马赫数 5 和 6 均可看到明显的分离激波,在唇口附近出现显著溢流;而在有转捩带时,分离激波消失,

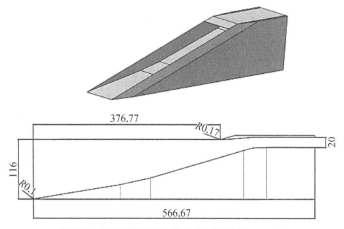

图 7.8    进气道模型结构与尺寸(单位: mm)

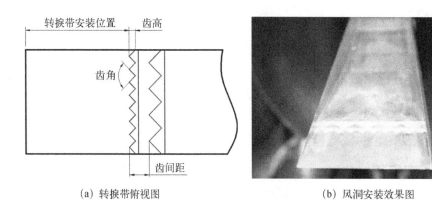

(a) 转捩带俯视图                    (b) 风洞安装效果图

图 7.9    人工转捩带构型与实际安装效果图

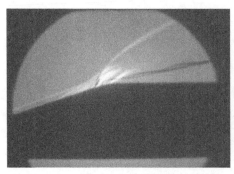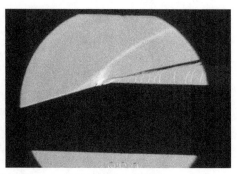

(a) *Ma*=5,无控制                    (b) *Ma*=5,有控制

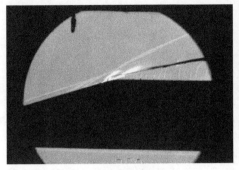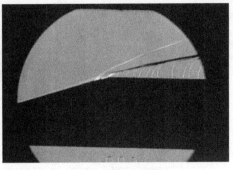

(c) *Ma*=6，无控制　　　　　　　　　(d) *Ma*=6，有控制

**图 7.10　有无控制时进气道波系纹影**

溢流明显减弱,进气道起动性能得到了明显改善。同时可见,由于马赫数 5 不是进气道设计工作状态,因此即使在引入转捩带使进气道完全起动时,进气道唇口仍有部分流量溢出。

　　图 7.11 为进气道对称面上沿程压力分布,可以看到,在没有控制时,压力在

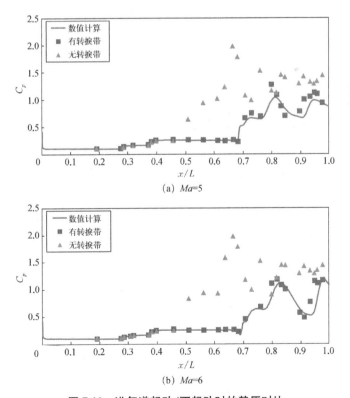

(a) *Ma*=5

(b) *Ma*=6

**图 7.11　进气道起动/不起动时的静压对比**

0.5L附近陡升,对应于分离激波,加控制后,分离激波消失,压力在进气道上保持平稳。加控制后的压力值与全湍流数值计算结果一致。湍流数值计算得到的进气道出口马赫数、总压恢复系数、流量系数及压升比和试验一致(表7.2和表7.3)。上述结果说明转捩带有效促发了进气道边界层转捩,而产生的湍流边界层在进气道唇口入射激波干扰下未发生严重分离,有效保证了进气道的自起动及整体工作性能。

**表 7.2　进气道起动状态计算和试验对比($Ma=5$)**

| 参　　数 | $Ma_e$ | $\sigma$ | $\varphi$ | $\pi$ |
|---|---|---|---|---|
| 湍流计算值 | 2.50 | 0.58 | 0.80 | 2.67 |
| 试验值 | 2.55 | 0.58 | 0.79 | 2.57 |

**表 7.3　进气道起动状态计算和试验对比($Ma=6$)**

| 参　　数 | $Ma_e$ | $\sigma$ | $\varphi$ | $\pi$ |
|---|---|---|---|---|
| 湍流计算值 | 2.85 | 0.49 | 0.95 | 3.18 |
| 试验值 | 2.97 | 0.47 | 0.95 | 3.04 |

## 7.2　超燃冲压发动机燃烧室

### 7.2.1　背景介绍

超燃冲压发动机燃烧室的长度为1 m量级,而来流空气速度超过1 000 m/s,气流在燃烧室内的驻留时间在毫秒量级,液体燃料要在如此短的时间内完成蒸发、雾化、混合和燃烧过程,难度非常大,被形象地比喻为"飓风中点火柴"[11]。

燃料与超声速来流的掺混是燃烧室成功点火及稳定工作的关键问题,在不采用流动控制措施情况下,无法获得理想的掺混效果。首先我们进行一个燃烧室基本流动的计算[12-14]。设计了如图7.12所示的燃烧室模型,并对其进行CFD计算,模拟燃烧室的入口参数为: $T_0=2\,025\ \text{K}$;$Ma_2=2.5$;$\varPhi=0.5$。采用完全气体假设,考虑定常流动。控制方程为三维多组分计及化学反应的N-S方程,以煤油作为燃料。为便于计算,煤油的化学分子式取为$C_{12}H_{24}$,采用简化的一步总包有限速率化学反应模型,计算的组分包括$C_{12}H_{24}$、$O_2$、$CO_2$、$H_2O$和非反应组分

$N_2$,采用有限差分法对控制方程进行空间离散,对流项采用 WENO 通量分裂差分格式,扩散项采用二阶中心差分格式。离散化方程采用隐式耦合求解方法。计算结果如图 7.13 所示,分别为燃烧室喷油嘴下游局部流场燃料分布云图和马

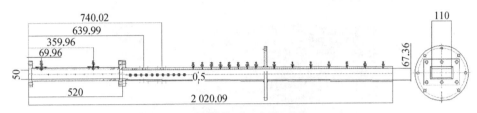

图 **7.12**　燃烧室模型示意图(单位: mm)

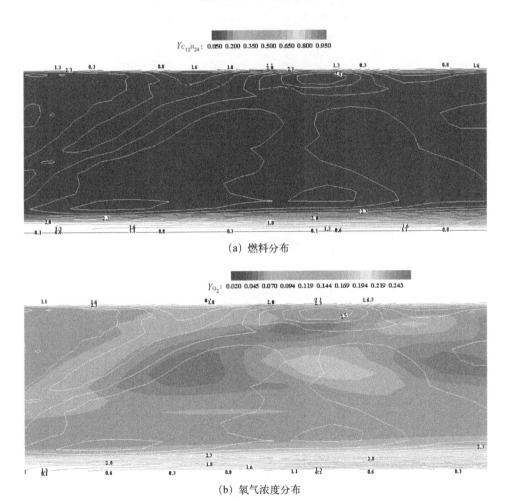

(a) 燃料分布

(b) 氧气浓度分布

图 **7.13**　燃烧室燃料喷口下游流场结构(后附彩图)

赫数云图。可以看到,燃料在喷注进入燃烧室后在靠近壁面的一个狭小的薄层内流动,燃烧室大部分区域内没有燃料,燃料与空气掺混非常微弱。这种情况下,燃烧非常微弱,很不充分。试验亦表明这一情况,图 7.14 为自由射流试验,可以看到,只有在壁面薄层附近才存在火焰。

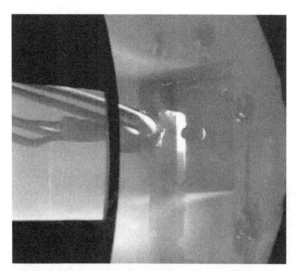

**图 7.14  超燃冲压发动机自由射流试验**

燃料与空气的掺混技术在 20 世纪 70~80 年代得到了系统的研究。工程中主要采用的技术是凹腔和支板技术。这些装置尺寸大,局部形成回流,不仅增强混合,而且回流起到了值班火焰的作用,但是,它存在较大的总压损失。受混合层二次失稳现象的启发,我们探索以最小代价来实现混合增强的技术原理,最终发明了"W"型燃油喷嘴,完成了低内阻直通道燃烧室设计,实现了超声速燃烧自主点火。

提取燃料与空气形成的局部混合层开展机制研究,获得该混合层的特征失稳结构,以设计混合增强方案。图 7.15 为典型混合层流场示意。

**图 7.15  典型混合层流场示意图**

通过分析如图 7.13 所示的流场结构,获得混合层模型流场入口流动参数,并采用直接数值模拟方法对混合层空间发展过程进行研究[15,16]。计算结果如图 7.16 所示。图 7.16 所示的流场可以划分为特征明显不同的两个发展阶段。第一个阶段是扰动波在流向上逐渐发展放大,在混合层流场中部由于 Kelvin-Helmholtz 不稳定性,卷起形成展向二维涡结构。第二个阶段是随着混合层流动在下游的发展,展向扰动速度 $v'$ 得到增长放大。这一阶段二维展向涡结构逐渐被撕裂,流场中出现流向涡结构,表现出较强的三维性质。这种三维涡结构为典型的后掠涡结构[图 7.16(b)],对应的失稳过程即为二次失稳。计算结果表明,混合层二次失稳对展向波数具有明显的选择性(图 7.17),这也成为我们混合增强技术方案的理论设计依据。

(a) 涡量等值面空间云图　　　　　　(b) 局部放大图

**图 7.16　混合层二次失稳涡量等值面图和局部放大**

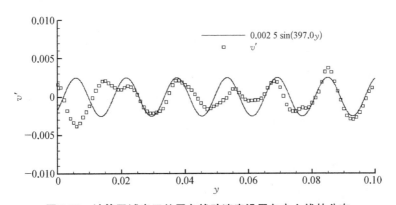

**图 7.17　计算区域出口处展向扰动速度沿展向中心线的分布**

### 7.2.2 低内阻光滑通道燃烧室设计及风洞直连试验验证

根据上节所述超声速混合层失稳波的几何特征,设计了如图 7.18 所示意的基于混合层失稳特征的"W"型混合增强燃料喷嘴,并在低内阻光滑壁面通道燃烧室模型上进行了直连式试验。试验空气流量 2.95 kg/s,来流总温 1 905 K,来流总压 1.986 MPa,分别在燃烧室上下壁面供油,燃烧室为光滑通道,燃料当量比 0.49。试验结果如图 7.19 所示,曲线分别为第 3 s 和第 6 s 时刻燃烧室壁面压力分布。可以看出,供油后燃烧室发生自燃,壁面压力升高,由此产生推力增益,而且燃烧室的入口压力并没有随燃烧的发生而升高,燃烧不会影响进气道流动。经过壁面压力积分可得该车次推力增量为 147 N。

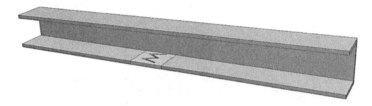

**图 7.18　基于混合层特征失稳结构的燃油喷嘴及燃烧室**

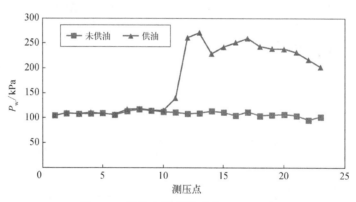

**图 7.19　燃烧室供油前后壁面压力分布**

针对模型发动机,我们在中国航天空气动力技术研究院电弧加热风洞完成了自由射流试验。图 7.20 为第 16 测点在试验过程中壁面压力随时间的变化曲线,从图中可以看出,向燃烧室供油期间,侧壁面的压力突然升高,表明燃烧室内煤油点火成功。图 7.21 为燃烧室点火前后壁面压力测量值分布。从图中可以看出,供油前后燃烧室壁面压力发生很大变化,即在该实验条件下,燃烧室内煤油成功点火燃烧。图 7.22 为供油期间燃烧室出口处流场照片,从图中可以看出,煤油燃料在超声速气流中成功实现了点火和稳定燃烧。

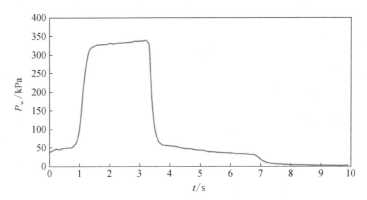

图 7.20　燃烧室第 16 测点壁面压力随时间的变化历程（$T_{0c} = 1\,835\,K$）

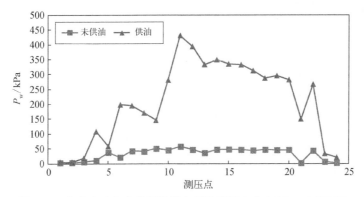

图 7.21　直连实验点火前后燃烧室侧壁面压力分布（$T_{0c} = 1\,835\,K$）

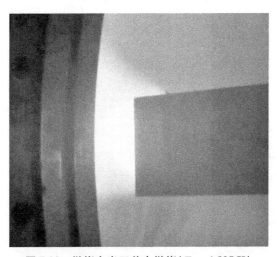

图 7.22　燃烧室出口着火燃烧（$T_{0c} = 1\,835\,K$）

## 7.3　钝锥再入体的飞行失稳

### 7.3.1　背景介绍

高超声速钝锥在再入飞行过程中,在高度为 20~40 km 的飞行区间通常会经历振幅为 0.5°~2°的攻角振荡发散过程,如图 7.23 所示。这一现象将导致飞行器落点精度降低,同时威胁到飞行器结构安全。研究表明[17-24],钝锥飞行器边界层的非对称转捩是导致该现象的主要原因。

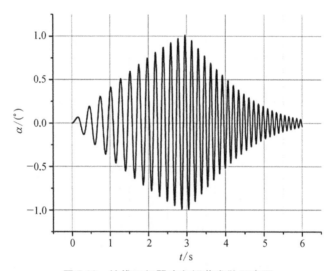

**图 7.23　钝锥飞行器攻角振荡发散示意图**

高超声速飞行器的飞行包线范围容易出现边界层转捩现象。研究表明高超声速边界层转捩与飞行器的稳定性密切相关。圆锥超/高超声速绕流流动中,即使在很小的来流攻角下,迎风面和背风面转捩位置也会出现显著的差别,由此引起飞行器气动力的较大变化,此类现象习惯上称为圆锥边界层非对称转捩,它是可压缩边界层研究中非常困难的问题。有关研究在 20 世纪 70 年代之后集中在非对称转捩的气动效应,包括转捩对气动静稳定性配平攻角和动稳定性的变化影响。

有攻角时边界层转捩位置的不对称形态随头部钝度及粗糙度等因素会表现出不同的特征。对于光滑尖锥与小钝度锥,目前公认的规律是:随攻角的增大,迎风子午线转捩位置后移,背风子午线转捩位置前移;当头部钝度增加到一定程度时,现有研究表明存在以下几种可能:① 迎风子午线转捩位置略微后移,背风子午线转捩位置后移;② 迎风子午线和背风子午线转捩位置均前移,但后者前移幅度更大;③ 迎风子午线转捩位置前移,背风子午线转捩位置后移。表面粗糙度是另一个影响边界层转捩的因素。随粗糙元几何特征如粗糙元高度增加时,会影响粗糙元下游的边界层转捩,诱使转捩提前发生。粗糙元高度增加至一定程度时,边界层转捩将发生在粗糙元后面很近或者粗糙元自身所在的位置。

对于光滑模型,相关试验结果及数值仿真结果都表明:飞行器在转捩高度,雷诺数较低时,飞行器周围绕流为层流;雷诺数增加,转捩出现在飞行器后体。且随着飞行高度的不断下降,特别是雷诺数的不断增加,转捩点的位置会前移。这一现象使得不同雷诺数下的非对称转捩对飞行器(细长钝锥)的动、静稳定性的影响有所区别:当转捩发生在后体时,飞行器纵向静稳定性降低,但动稳定性较高。随转捩点前移至飞行器前体位置时,飞行器的纵向静稳定性增强,但是动稳定性则下降。对于动稳定性来说,随着转捩位置的前移,阻尼力矩增量逐渐变小。静稳定性导数和动稳定性导数的变化呈现典型的反向变化现象,如图 7.24 所示。

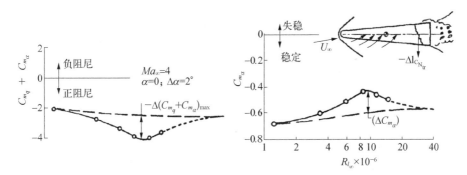

**图 7.24  钝锥飞行器静稳定性导数和动稳定性导数反向变化过程**

上述研究基于常规光滑飞行器模型,在有攻角时飞行器转捩都是从背风区开始转捩,且相比迎风区,背风区转捩始终靠前。然而仿真研究表明,基于静、动稳定性导数变化过程的俯仰运动仿真没有出现明显的攻角振荡现象。在转捩前推过程中,静稳定性的先降低后增大过程只会导致飞行器配平攻角的先减小后增加;而动稳定性的先增大后降低过程也只会导致模型振幅上的微小变化。

上述仿真结果的根本原因在于将飞行器俯仰静、动稳定性的研究孤立开来分别研究,此外也只考虑了光滑飞行器背风区转捩靠前的情况,实际情况是由于高温气流冲刷、烧蚀等原因,模型迎风面通常粗糙度较高,可能发生迎风面先转捩且转捩靠前的现象。

本节考虑将静稳定性变化和转捩迟滞产生的动态效应耦合分析,同时分别考虑飞行器背风区转捩靠前和迎风区转捩靠前的两种转捩状态,开展不同转捩状态下气动力矩增量在存在迟滞时对飞行器俯仰运动的影响研究,最后以仿真结果和飞行试验现象为基础,建立转捩附加动态气动力矩工程应用模型。

### 7.3.2 非对称转捩气动效应研究方法

1. 强制转捩计算方法

基于强制转捩的思想,依照转捩位置和转捩形态的发展变化规律,在模型表面布置转捩起始位置,将模型表面流场分为层流区域和湍流区域,以此实现边界层转捩的计算。详细过程如下。

设定判断条件 $Cut_{off}$,求解过程中识别计算区域的流态属性。如果处在设定的层流区域则 $Cut_{off}=1$,如果处在设定的湍流区域则 $Cut_{off}=0$。气动计算所用湍流模型为 Menter's $k$-$\omega$ SST 两方程模型,该模型是 $k$-$\varepsilon$ 与 $k$-$\omega$ 模型的结合。湍动能与湍动能 $k$ 耗散速度比 $\omega$ 的求解方程如下:

$$\frac{\partial k}{\partial t} + u_j \frac{\partial k}{\partial x_j} = \frac{1}{\rho} P_k \left( \frac{Ma_\infty}{Re} \right) - \beta' k\omega \left( \frac{Re}{Ma_\infty} \right) + \frac{1}{\rho} \frac{\partial}{\partial x_j} \left[ \left( \mu + \frac{\mu_T}{\sigma_k} \right) \frac{\partial k}{\partial x_j} \right] \left( \frac{Ma_\infty}{Re} \right) \quad (7.6)$$

$$\frac{\partial \omega}{\partial x_j} + u_j \frac{\partial \omega}{\partial x_j} = \frac{1}{\rho} P_\omega \left( \frac{Ma_\infty}{Re} \right) - \rho\omega^2 \left( \frac{Re}{Ma_\infty} \right)$$
$$+ \frac{1}{\rho} \frac{\partial}{\partial x_j} \left[ \left( \mu + \frac{\mu_T}{\sigma_\omega} \right) \frac{\partial \omega}{\partial x_j} \right] \left( \frac{Ma_\infty}{Re} \right) + 2(1 - F_1) \sigma_{\omega 2} \frac{1}{\omega} \frac{\partial k}{x_j} \frac{\partial \omega}{x_j} \left( \frac{Ma_\infty}{Re} \right) \quad (7.7)$$

当 $Cut_{off}=1$,湍流模型的求解过程中,强制上式中湍流生成项 $P_\omega$ 及 $P_k$ 为 0,由此实现层流流态的计算;当 $Cut_{off}=0$,则正常求解湍流模型,实现湍流状态的计算。图 7.25 给出了转捩起始位置在模型表面的布置以及转捩计算结果中的热流云图。可以看出,在转捩位置前后,流场表现了明显的层流与湍流特征。

2. 数值飞行仿真方法

对于高超声速飞行器再入飞行的仿真,可将钝锥运动视作刚体飞行器在空中做六自由度运动,求解六自由度运动方程组即可。本节数值飞行仿真系统的工作流程、模块组成及其主要参数传递关系见图 7.26。利用强制转捩计算得到的气动数据,建立气动力(力矩)—参数的数学模型,加入仿真循环。同时加入飞行环境及飞行状态模块。飞行状态模块用以求解飞行马赫数、飞行攻角等状态参数,从而用来进行气动力及力矩的计算或者作为气动数据表的插值自变量。

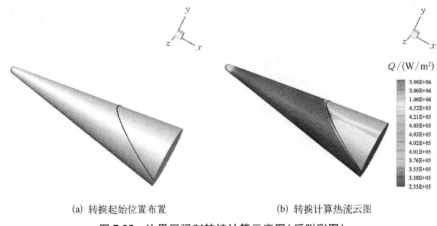

(a) 转捩起始位置布置　　　　　(b) 转捩计算热流云图

图 7.25　边界层强制转捩计算示意图 (后附彩图)

通过仿真模拟,可得到气动参数和飞行状态参数的作用关系。其中,飞行器运动方程的求解可利用高精度的数值方法进行求解,如四阶的龙格-库塔方法。

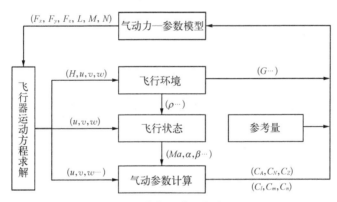

图 7.26　仿真系统工作流程图

### 7.3.3　动态非对称转捩过程俯仰运动仿真模拟

1. 强制转捩计算

选择雷诺数和攻角作为影响转捩位置和形态的直接因素,忽略“单位雷诺数效应”、头部钝度等因素对边界层转捩的影响。认为在一定雷诺数范围,0°攻角对应的转捩基准位置随雷诺数的增加在模型上沿轴向位置前移。同时考虑边界层转捩形态不对称性对攻角变化的响应特征,将转捩发生位置的不对称形态抽象为攻角每增加 1°对应转捩线倾角增加 15°的斜线转捩。此外考虑到转捩形态随攻角变化响应规律的多样性,考虑两种转捩形态变化形态: ① 背风区先于迎风区转捩的转捩形态一;② 迎风区先于背风区转捩的转捩形态二。两种转捩规律的示意图见图 7.27。其中,转捩形态一对应了尖锥和小钝度锥表面光滑外形,其背风侧转捩靠前;转捩形态二对应了气流冲刷、烧蚀等造成表面粗糙度增加的外形,此时迎风侧转捩靠前。

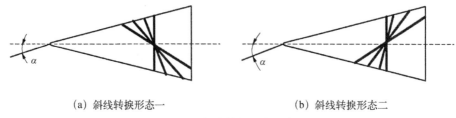

(a) 斜线转捩形态一          (b) 斜线转捩形态二

**图 7.27  斜线转捩形态示意图**

按照设计的计算方案,给定各个状态的流场边界条件,完成各个状态的气动计算。图 7.28 和图 7.29 给出部分状态的计算结果。从热流分布上可以看出程

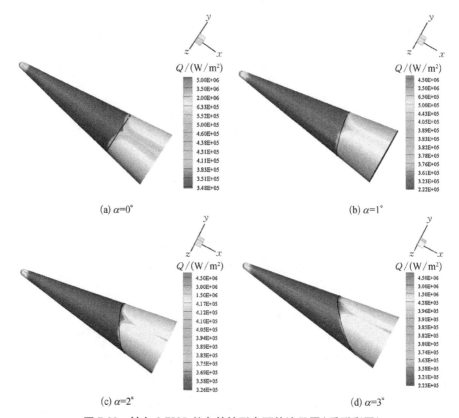

**图 7.28  轴向 0.722L 处各转捩形态下热流云图(后附彩图)**

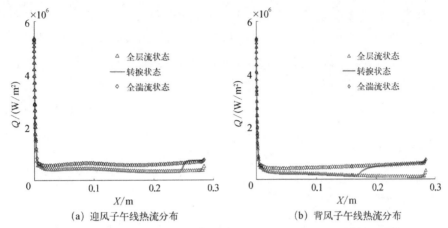

(a) 迎风子午线热流分布　　　　(b) 背风子午线热流分布

**图 7.29　轴向 0.722L 处 α=3° 时对应转捩形态下子午线上的热流分布**

序有效实现了固定位置的边界层转捩计算。

2. 仿真结果讨论

研究指出,边界层非对称转捩对飞行器气动静、动稳定性的影响主要是转捩诱导气动量及其对物体姿态运动的时间滞后引起的。也即边界层的建立相较于模型绕振心的俯仰姿态运动会有时间迟滞效应,从而使转捩诱导力矩与钝锥模型的俯仰运动耦合而产生阻尼效应。在利用静态的气动数据仿真模拟转捩变化的动态过程时要将这一影响考虑进去。

图 7.30 给出了两种转捩规律下考虑一定转捩时滞时间后的仿真结果。对于背风侧先于迎风侧发生转捩的形态一而言:整个仿真过程中,迎角运动先收敛,后发散,最后收敛。即转捩发生在模型后体时,考虑时滞的转捩现象增强了动稳定性;当转捩向前发展时,边界层非对称转捩削弱了模型的动稳定性;转捩

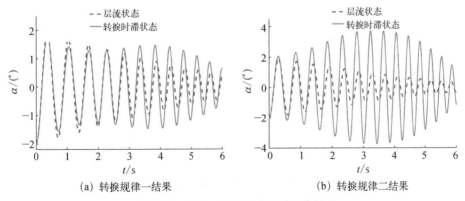

(a) 转捩规律一结果　　　　(b) 转捩规律二结果

**图 7.30　考虑一定迟滞时间的仿真结果**

运动到模型头部时,湍流区域占模型表面大部分面积,转捩形态不对称性影响作用减小。对于迎风侧先于背风侧发生转捩的形态二而言:整个仿真过程中,迎角运动先发散,后收敛。此时当转捩发生在钝锥后体时,边界层非对称转捩削弱了动稳定性,当转捩向模型头部发展时,边界层非对称转捩增强了模型的动稳定性。

### 7.3.4  转捩附加动态气动力矩工程应用模型

参考上述转捩形态二的研究结果,本节初步建立工程可用的转捩附加动态气动力矩模型。建模前首先进行如下假设:

(1)假设单个攻角振荡周期中,攻角大于配平攻角时的 $\Delta C_{m,\,up}$ 和小于配平攻角时的 $\Delta C_{m,\,down}$ 近似相等,即 $\Delta C_{m,\,up} = \Delta C_{m,\,down} = \Delta C_m$;

(2)假设各攻角振荡周期的转捩动态气动力矩相等,即 $\Delta C_{m,\,i} = \Delta C_{m,\,j}$。

在上述假设条件下,上述转捩动态过程的气动迟滞力矩可以简化为平行四边形模型,如图 7.31 所示,由此而得的转捩附加动态气动力矩模型 $\Delta C_m$ 简化为如图 7.32 所示。

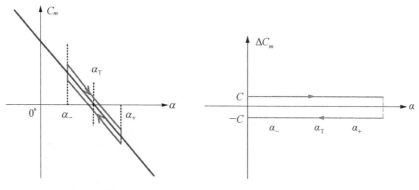

图 7.31  俯仰气动力矩平行     图 7.32  转捩附加动态气动力矩
四边形模型示意图          $\Delta C_m$ 示意图

结合图 7.32,并考虑附加气动力矩的方向,则转捩附加动态气动力矩模型的数学形式为

$$\Delta C_m = C \cdot \mathrm{sgn}\,\dot{\alpha} \tag{7.1}$$

模型中,系数 $C$ 的物理内涵是:整个攻角发散段内的转捩附加动态气动力矩系数的平均值。$\Delta C_m$ 的建模目标是:与飞行试验动态过程中转捩动态作用总

效果一致,也就是发散段的攻角最大振幅一致。该模型是一种均化理论模型,对于研究转捩动态作用强弱,对比转捩速度快慢具有量化评估作用。

## 参考文献

[ 1 ] 钱学森.我们的目标(再刊)[J].力学学报,2012,42(1):i-ii.

[ 2 ] 赵俊波,沈清,张红军,等.基于 T-S 波谐频共振的超燃进气道边界层转捩[J].2010,25(11):2420-2424.

[ 3 ] 张红军.新型边界层人工转捩方法研究及其在超燃冲压发动机进气道上的应用[D].北京:中国航天空气动力技术研究院,2010.

[ 4 ] Bahm C, Baumann E, Martin J, et al. The X-43A Hyper-X Mach 7 flight 2 guidance, navigation, and control performance[R]. AIAA Paper-2005-3275, 2005.

[ 5 ] Marshall L A, Corpening G P, Sherrill R. A chief engineer's view of the NASA X-43A scramjet flight test[R]. AIAA Paper-2005-3332, 2005.

[ 6 ] Scott A B, Aaron H A, Arthur D D. Hypersonic boundary-layer trip development for Hyper-X[R]. AIAA Paper-2000-4012, 2000.

[ 7 ] Scott A B, Robert J N, Thomas J H. Boundary layer control for hypersonic airbreathing vehicles[R]. AIAA Paper 2004-2246, 2004.

[ 8 ] 张红军,尚庆,朱志斌,等.锯齿形转捩片触发高超声速进气道边界层转捩的大涡模拟[J].航空学报,2019,40(10):122930-1~122930-10.

[ 9 ] 潘宏禄,李俊红,沈清.超燃进气道激波/湍流边界层干扰[J].推进技术,2013,34(9):1172-1178.

[10] 张红军,沈清.新型高超声速进气道边界层人工转捩方法研究[J].实验流体力学,2016,30(2):75-78.

[11] Seiner J M, Dash S M, Kenzakowski D C. Historical survey on enhanced mixing in scramjet engines[R]. AIAA Paper 1999-4869, 1999.

[12] 李俊红.一种低内阻煤油超燃冲压发动机燃烧室的燃烧特性与点火延迟研究[D].北京:中国航天空气动力技术研究院,2010.

[13] 李俊红,程晓丽,沈清.超燃冲压发动机性能预测工程方法[J].推进技术,2009,30(2):129-164.

[14] 李俊红,潘宏禄,沈清,等.超燃冲压发动机燃烧室的燃烧特性[J].航空动力学报,2014,29(1):14-22.

[15] Guan F M, Shen Q. Three-dimensional numerical simulation on controlled stability of a planar supersonic free shear layer[R]. AIAA Paper 2007-1311, 2007.

[16] 关发明.超声速平面混合层非线性失稳[D].北京:中国航天空气动力技术研究院,2008.

[17] Anderson J D. Hypersonic and high-temperature gas dynamics[M]. 2nd edition. New York: American Institute of Aeronautics and Astronautics, 2002.

[18] Reed H L, Eduardo J K. Hypersonic stability and transition prediction[R]. AIAA paper 2013-2556, 2013.

[19] Chrusciel G T. Analysis of re-entry vehicle behavior during boundary-layer transition[J]. AIAA Journal, 1975, 13(2): 154-159.

[20] Uffelman K E, Deffenbaugh F D. Asymmetric transition effects on reentry vehicle trim and dispersion characteristics[R]. AIAA Paper-1979-1626, 1979.

[21] Ericsson L E. Effect of boundary-layer transition on vehicle dynamics[J]. Journal of Spacecraft and Rockets, 1969, 6(12): 1404-1409.

[22] Ericsson L E. Transition effects on slender cone pitch damping[J]. Journal of Spacecraft and Rockets, 1988, 25(1): 4-8.

[23] 楼洪钿.边界层转捩对细长锥静、动稳定性的影响[J].宇航学报,1985,6(1): 91-101.

[24] 楼洪钿.转捩诱导法向力及其对细长尖锥气动特性的影响[J].宇航学报,1989,10(3): 54-64.

# 彩　　图

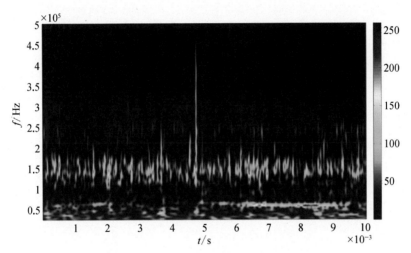

图 4.4　压力脉动信号的小波分析结果
（平板边界层，$Ma=6$，$Re=1.0 \times 10^{7} \text{m}^{-1}$）

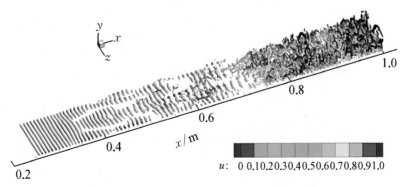

图 4.27　高超声速平板边界层自然转捩过程 $Q_2$ 等值线云图

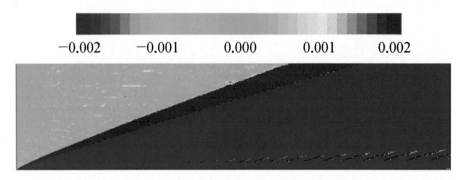

图 4.30　高超声速平板边界层的小激波结构

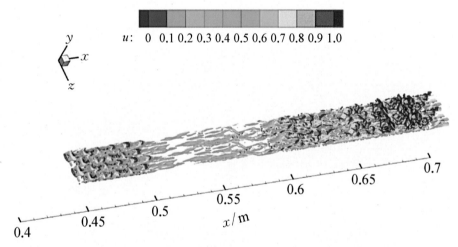

图 4.32　波纹壁控制下平板边界层流动涡系结构
（$Q_2$=5 000，速度着色；$Ma$=6，$Re$=4.23 × 10$^6$m$^{-1}$）

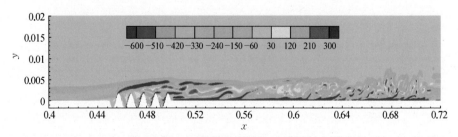

图 4.33　波纹壁控制下平板边界层展向涡量等值线
（$z$=0.005 m；$Ma$=6，$Re$=4.23 × 10$^6$m$^{-1}$）

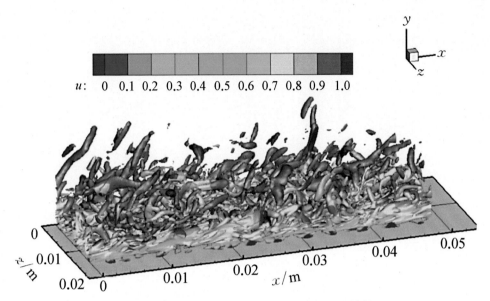

图 4.37　时间发展平板边界层流动涡系结构
（ $Q_2$=5 000，速度着色；$Ma$=6，$Re$=4.23 × $10^6$m$^{-1}$ ）

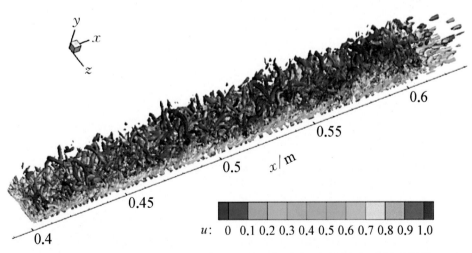

图 4.39　以时间发展边界层为入口的空间发展边界层流动涡系结构
（ $Q_2$=5 000，速度着色；$Ma$=6，$Re$=4.23 × $10^6$m$^{-1}$ ）

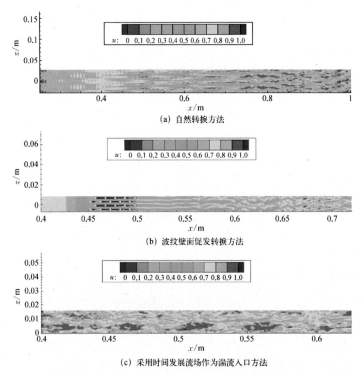

图 4.41　三种湍流场生成方法对比
（瞬时速度云图，$y^+$=40；$Ma$=6，$Re$=$4.23 \times 10^6 \text{m}^{-1}$）

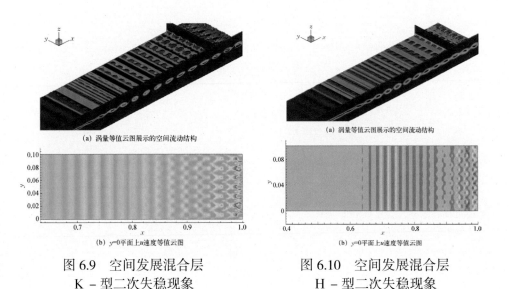

图 6.9　空间发展混合层　　　　　图 6.10　空间发展混合层
　　K – 型二次失稳现象　　　　　　　H – 型二次失稳现象

图 6.12　空间发展混合层涡量等值云图
（对并对 K – 型二次失稳的抑制）

图 6.14　空间发展混合层涡量等值云图
（对并对 H – 型二次失稳的抑制）

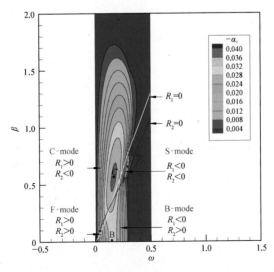

图 6.41　超声速混合层不稳定扰动（$Ma_c$=2.0，$Re$=10 000）

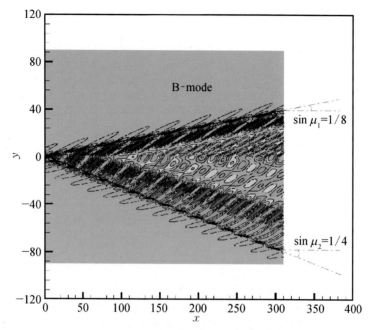

图 6.48　超声速混合层声模态扰动空间图像
（压力云图与等值线图，$Ma_c$=2.0，$Re$=10 000）

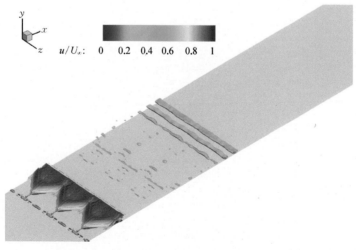

图 7.5　三维锯齿形薄片对边界层流动的影响
（$Ma$=5，$Re/L$=2.27 × 10⁷m⁻¹）

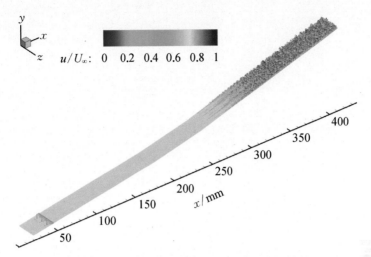

$u/U_\infty$:　0　0.2　0.4　0.6　0.8　1

图 7.7　三维锯齿形薄片引起的边界层转捩
（ $Ma=5$，$Re/L=2.27\times10^7\mathrm{m}^{-1}$ ）

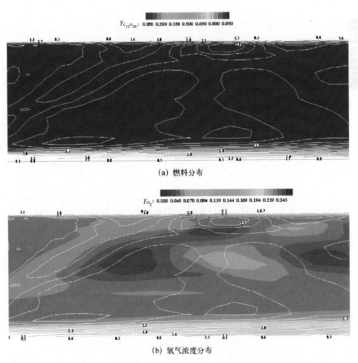

$Y_{C_{12}H_{24}}$:　0.050　0.200　0.350　0.500　0.650　0.800　0.950

(a) 燃料分布

$Y_{O_2}$:　0.020　0.045　0.070　0.094　0.119　0.144　0.169　0.194　0.219　0.243

(b) 氧气浓度分布

图 7.13　燃烧室燃料喷口下游流场结构

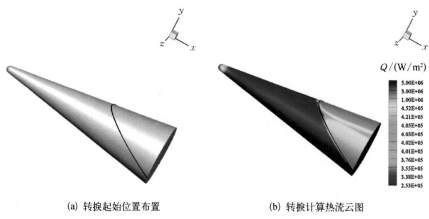

(a) 转捩起始位置布置          (b) 转捩计算热流云图

图 7.25　边界层强制转捩计算示意图

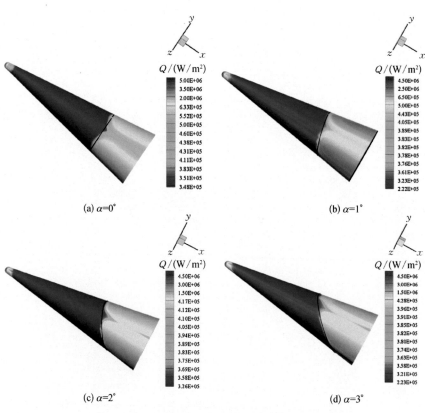

图 7.28　轴向 $0.722L$ 处各转捩形态下热流云图